美育简本

中国古代服饰一〇〇问

高阳　李睿　著

海峡出版发行集团
THE STRAITS PUBLISHING & DISTRIBUTING GROUP
福建美术出版社

图书在版编目（CIP）数据

中国古代服饰 100 问 / 高阳，李睿著 . -- 福州：福建美术出版社，2022.9（2024.6 重印）
（美育简本）
ISBN 978-7-5393-4251-1

Ⅰ . ①中… Ⅱ . ①高… ②李… Ⅲ . ①服饰 – 中国 – 古代 – 问题解答 Ⅳ . ① TS941.742.2-44

中国版本图书馆 CIP 数据核字 (2021) 第 152354 号

美育简本 · 中国古代服饰 100 问

高阳　李睿　著

出 版 人　黄伟岸
责任编辑　郑　婧　侯玉莹
封面设计　侯玉莹
版式设计　李晓鹏　陈　秀

出版发行　福建美术出版社
地　　址　福州市东水路 76 号 16 层
邮　　编　350001
网　　址　http://www.fjmscbs.cn
服务热线　0591-87669853（发行部）　87533718（总编办）
经　　销　福建新华发行（集团）有限责任公司
印　　刷　福建新华联合印务集团有限公司
开　　本　889 毫米 ×1194 毫米　1/32
印　　张　6.5
版　　次　2022 年 9 月第 1 版
印　　次　2024 年 6 月第 3 次印刷
书　　号　ISBN 978-7-5393-4251-1
定　　价　45.00 元

公众号

艺品汇

天猫店

拼多多

《美育简本》系列丛书编委会

本书编写组

高　阳　李　睿（著）

陈　宸　李慕琳　卢子雄（参编）

目　录

身上何所见？

——中国古代服饰的衣、服、袍、衫、裙、裤之问

腰间何所佩？

——中国古代服饰的腰带、佩饰之问

足下何所蹑？

——中国古代服饰的鞋、履、屐、袜之问

面料何所精？

——中国古代服饰所用的面料之问

图案何所意?
——中国古代服饰的装饰图案寓意之问

色彩何所美?

——中国古代服饰的色彩之问

时尚何所行?

——中国古代服饰的流行时尚之问

何时何所穿?

——中国古代服饰的穿着与场合之问

头上何所有？

——中国古代服饰的帽、冠、首饰、发型之问

图1-1　奴隶头戴的帽饰
商代晚期·玉人，1976年河南安阳殷墟妇好墓出土，中国社会科学院考古研究所藏

1.“帽”和“冠”有什么区别？

我们在日常生活中，常提到两个词儿：“穿衣戴帽”与“衣冠楚楚”。这两个词儿里都包含着身上穿的“衣”，但头上戴的，则出现了两个称谓，一是“帽”，二是“冠”。帽和冠都是头戴的东西，这二者有何区别呢？

《后汉书·舆服下》（南朝宋·范晔）中记载了帽子的来历：“上古穴居而野处，衣毛而冒皮。”这里的“冒”就是“帽”。上古时期的人们已经逐渐从赤身裸体、披头散发，进化为会穿毛皮做的衣服、戴毛皮做的帽子来蔽体御寒。由此可见，帽子的出现是非常早的。虽然在今人看来，穿裘皮衣、戴裘皮帽真够高级，但在中国古代，帽子是没有太高的服饰地位

的。《说文解字》（东汉·许慎）解释帽为："冃（帽），小儿及蛮夷头衣也。"帽子显然处于服饰"鄙视链"的末端。

那么，中国古人推崇头戴何物呢？那就是"冠"。"冠冕堂皇"一词便充分彰显了"冠"的高贵地位。冠出现的时间比帽晚，是伴随着中国古代社会礼仪制度的成熟而出现并流行的，其"寒不能暖，风不能鄣，暴不能蔽"。既不能御寒，也不能挡风和遮太阳的冠，其意义不为实用，而是一种礼仪的象征。古代的上层社会男子，二十岁必行"冠礼"，象征着成人而知礼义。"整冠束带"不仅仅是日常的"穿衣戴帽"，还代表着一个人的举止得体与身份高贵。

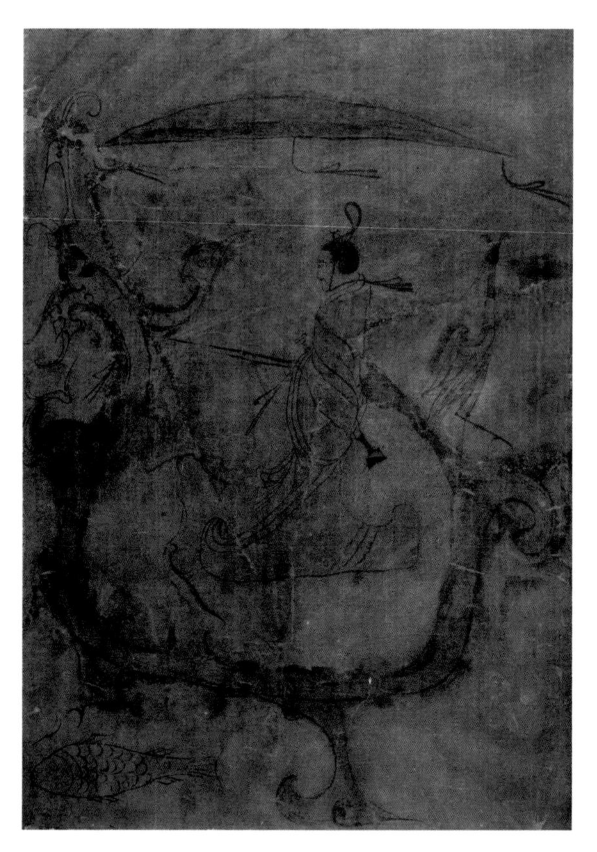

图1-2　贵族头戴的冠
战国中晚期·《人物御龙图》帛画，1973年湖南长沙子弹库楚墓1号墓穴出土，湖南省博物馆藏

2. 古代最大的“头儿”（皇帝）头上戴什么？

在封建社会，皇帝的地位和权威至高无上。皇帝这颗尊贵的头颅要戴上什么方能与其天子至尊的身份相匹配呢？我们在古代题材的影视剧中，可以看到皇帝临朝时头上戴的东西：上面是一块平平的长方形板子，板子的前沿和后沿都垂着门帘一样的珠串。这其实就是“冠冕堂皇”之中的“冕”。

西周时期便已经有了冕服制度。天子和贵族在朝会、祭祀、册封、婚礼等重大场合都要着冕服出席。冕就是大夫以上的官爵头上戴的冠类首服。天子、公、侯、伯、子、男、卿、大夫等级地位不同，着不同的冕服，体现中国古代的尊卑礼仪。皇帝戴的冕，其形制最为尊贵。冕由通天冠、金博山、冕板、冕旒、瑱、紞等部分构成。通天冠在各式冠中规格最高，故“天子冠通天”（东汉·应劭《汉官仪》）。通天冠的样子是“通天冠高九寸，黑介帻，金博山”（晋·徐广《舆服杂注》）。介帻是古人裹头发用的一种头巾；金博山是通天冠前面高凸出来的部分，这个部分往往还有蝉纹装饰，叫作“附蝉”。在通天冠上面覆着的长方形板状物，就是冕板，又叫作“綖”。冕板的上面是玄色，即黑中透红的一种颜色；里面是纁色，即一种接近橙红的颜色。这两种色彩象征着天和地。冕板前后垂着的珠串叫作冕旒。天子用十二旒，每一旒的长度为12寸（40厘米），以五彩的玉石穿成。玉石的色彩和次序也有讲究，以朱、白、苍、黄、玄五色依次反复。穿玉的丝绳也是五彩的，叫作“藻”，所以这些珠串又称“玉藻”。此外冕上还有垂在冠两旁系着玉石“瑱”的丝绳叫作“紞”。皇帝戴着这样一顶构造复杂、寓意丰富的“帽子”，自然是“冠冕堂皇”了。

以上所说的帝冕是商周至秦汉时期典型的帝王皇冠，后来，随着朝代的更替，各代帝王所佩戴的冕也融入了当朝的特色。其中，元代和清代由于是非汉人建立的主要政权，所以，元代和清代皇帝佩戴的

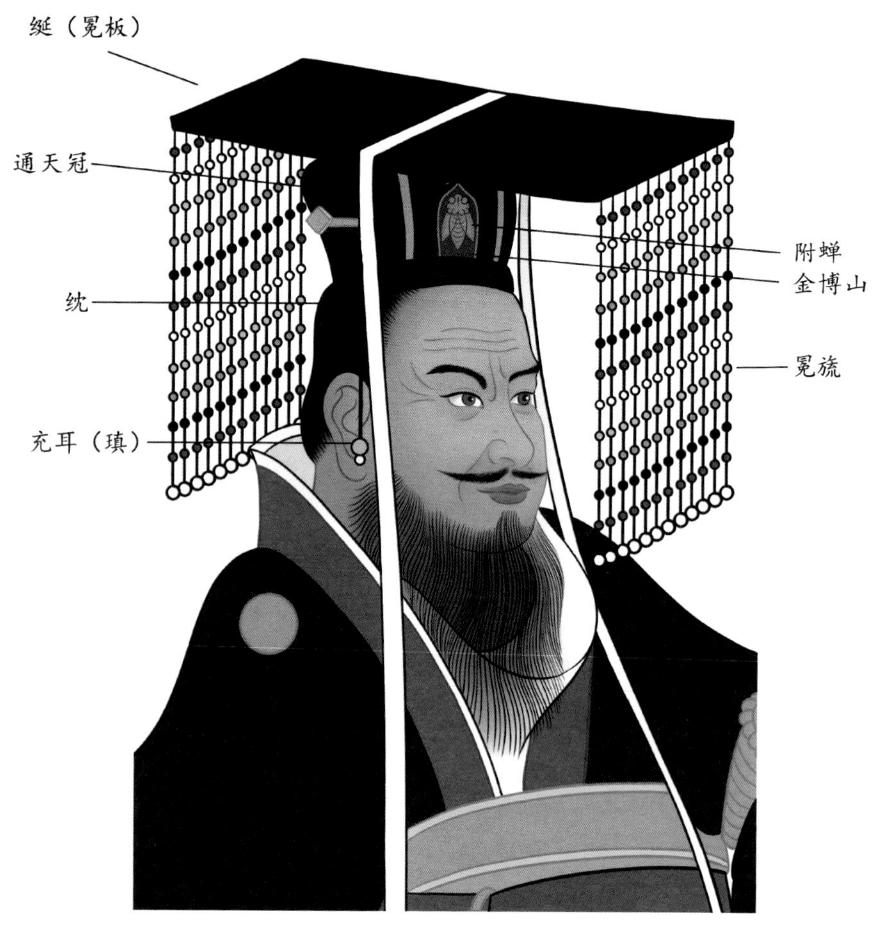

图2-1　帝王头戴的冕（李慕琳手绘插图）

帽子的形制和其他朝代有所不同。元代皇帝戴的帽子叫“钹笠冠”，而清代皇帝佩戴的帽子则叫“夏朝冠”。虽然在形制上有所差异，但整体上还是沿袭了西周以来的冠冕制度。

图2-2　帝王头戴的冕
唐·《历代帝王图》（局部，晋武帝司马炎），阎立本作（传），美国波士顿博物馆藏

3. “貂蝉”只是美女的名字吗?

《三国演义》中有著名的“吕布戏貂蝉”的桥段。貂蝉位列中国古代“四大美女”之一，但是这个美人儿的名字却十分奇怪。貂是一种毛茸茸的小兽，蝉是夏天在枝头上鸣叫的一种昆虫。这两种风马牛不相及的动物，何以会并列在一起，成为一位美女的名字呢？其实“貂”与“蝉”均是中国古人的帽饰。古代的文职官员头上戴“冠”，而武职官员则头戴“弁”，又叫武弁、武冠。武冠几经发展演变，成为“笼冠”。笼冠的样子顾名思义，是一个有孔眼的笼状硬壳嵌在巾帻之上。两汉之时，皇帝身边的近侍戴最高级的武弁大冠或笼冠，其高级体现在上面装饰有貂尾和金蝉两样饰物。这两样装饰品具有特殊的象征意义。“侍中左蝉右貂，金取坚刚，百陶不耗。蝉居高食洁，目在腋下。貂内劲悍而外温润。”（东汉·应劭《汉官仪》）中国古人一向将蝉比喻为高洁的君子，认为它高踞枝头，啜风饮露，不流于世俗，具备君子的操守和德行。帽子上用金做附蝉装饰，以金的坚硬和不被磨损的特性，进一步加强了这种含义。貂则是紫貂的尾巴，在古代，貂的皮毛亦是名贵之物。貂行动敏捷劲健，但皮毛又柔软温和。皇帝的近侍臣所戴的帽子，用“貂蝉”来装饰，既说明了这些人的身份不凡，又包含了皇帝对他们的期许。至于《三国演义》中美女“貂蝉”的名字，同样代表了她身份的高贵，同时隐喻着她虽为一介女流，却也忠于汉室，有着以身投效的赤诚。

图3　戴笼冠饰貂尾的侍臣
北齐·《门吏图》，1979年山西太原南郊王郭村北齐娄睿墓出土，山西博物院藏

4. 古代的平民百姓头上戴什么?

中国古代的礼教规定了人们分上下尊卑和阶级等级，这在日常服饰穿着上也随处体现。“二十成人，士冠，庶人巾。”（东汉·刘熙《释名·释首饰》）意思是男子到二十岁要举行一个仪式，身份是“士”的出身好的小伙子，从此头上可以戴象征着一定地位的“冠”，这个仪式叫作“加冠之礼”。而一般平民百姓家的孩子，也就是“庶人”，成年后头上戴的是“巾”。巾又叫“巾帻”，就是一块蒙在头上裹住发髻再打结扎紧的布。从周代到汉代，头巾一直是平民百姓头上戴的东西，头巾的颜色往往是青黑色的。春秋战国时军队里的普通士卒，头裹青巾，因此被称为“苍头”。后来“苍

图4-1　头上的巾帻
东汉·说书俑，1957年四川成都天回山出土，中国国家博物馆藏

头”这个词儿直接被用来指代百姓、奴仆。还有一个称呼庶民的词叫“黔首”，黔就是黑色的意思，头上裹着黑色头巾的人均是普通老百姓“黔首”。我们今天常说的“黎民百姓”中的“黎”字，其实和“黔”字一样，都是黑色的意思。《说文解字》中解释：“黔，黎也。秦谓民为黔首，谓黑色也，周谓之黎民。”但是从汉末魏晋开始，上层的士人也开始戴头巾。“羽扇纶巾，谈笑间，樯橹灰飞烟灭”（宋·苏轼《念奴娇·赤壁怀古》）中的“纶巾”，便是士人潇洒旷达形象的象征。头巾衍生出种种丰富的样式，并在不同历史时期几度流行。

图4-2　扎巾人物形象
南朝·竹林七贤画像砖（阮咸、山涛、向秀），1960年南京西善桥南朝大墓出土，南京博物院藏

图5-1 供养人头戴凤冠
盛唐·《都督夫人礼佛图》（局部，女十三娘供养像），莫高窟第130窟，段文杰临摹，敦煌研究院藏

图5-2 宋代皇后头戴凤冠
宋·《宋高宗后坐像》（局部），北京故宫南薰殿旧藏，台北故宫博物院藏

5. 古代女子头戴的“凤冠”有何来历?

“凤冠霞帔”一向被认为是中国古代贵族妇女在最隆重的场合穿戴的服饰。今天有些仿古的婚礼和婚纱照中，也有新娘子用所谓的“凤冠霞帔”打扮。象征古代女子高贵地位的“凤冠”是何时出现的呢？晋代·王嘉《拾遗记》之中的“萦金为凤冠之钗”是古籍中最早明确出现“凤冠”这一名称的句子。凤冠的样子则在唐代壁画和石刻之中有所体现。唐代懿德太子墓石棺椁上的线刻宫人图中，唐代女子头戴高冠，高冠两侧各有一支口衔璎珞的凤钗。敦煌莫高窟盛唐第130窟中著名的唐代女供养人像中，贵妇头上戴的也是凤冠。到了宋代，凤冠正式被纳入后妃礼服制度，宋室制定了凤冠的标准样式，并规定了在重大场合后妃须戴凤冠。北京故宫博物院收藏的历代帝后像中，有多幅宋代皇后的画像，画中的宋代凤冠被画家描绘得非常具体详细，其装饰华丽，精美绝伦。明代皇后戴的凤冠，则有保存完好的实物可见。

图5-3　皇后头戴凤冠
明·孝靖皇后点翠嵌珍珠宝石金龙凤冠，北京昌平定陵出土，北京故宫博物院藏

图6-1　戴长硬脚幞头的宋代帝王
宋·《宋太祖坐像》（局部），北京故宫南薰殿旧藏，台北故宫博物院藏

6. “乌纱帽”为什么是官员的象征?

“戴乌纱好一似愁人的帽，穿蟒袍又好似坐狱牢。穿朝靴又好似绊马索，系玉带又好似戴法绳。不居官来我不受害，吃一日俸禄我担一日惊。”这几句是河北梆子《辕门斩子》之中的唱词儿。在戏曲舞台和影视剧中，“乌纱帽”是官员的代名词：“当官好，当官妙，当官头戴乌纱帽。”如果被罢官，则是“丢了顶上乌纱”。那么，这么一顶人人想要、却又让人心惊肉跳的官帽子，是何来头呢？其实最早的乌纱帽并非官员专用。乌纱帽的雏形是以黑色纱罗做的裹头巾帕“幞头”，其来源甚早，但这种黑纱幞头是一块软软的布，叫作软裹幞头，并不是一顶帽子。晚唐时出现了一种“硬裹幞头”，布里面加

图6-2　头戴乌纱的官员形象
明·《明代官员像》（局部）

了衬里。五代之后，又演化出“漆纱幞头”，以藤草做胎，糊上纱罗并刷漆，这就成了一顶“乌纱帽”了。在乌纱帽的脑后还加了两根硬脚，也就是我们俗称的“帽翅儿”。宋代的时候，这种幞头正式成为官服的帽子，而且宋代乌纱帽的两个硬脚特别长，据说是皇帝为了防止上朝时官员站在一起交头接耳而下令改变的。今天我们在京剧舞台上看到的官员乌纱帽，则是典型的明代形制。

7. 夸奖女子为什么称其为“巾帼英雄”？

今天我们称道有能力的女性，往往夸奖她“巾帼不让须眉”，是一位“巾帼英雄”。“巾帼”在这些表述里指代的就是女子。那么“巾帼”到底是什么呢？巾帼其实是一种假发！它是用丝、毛等材料做的可以套在头上形似发髻的头饰。先秦时期，男女都能戴巾帼。“帼”字在古代原本写作“簂”，“簂即帼也，若今假髻，以铁丝为圈，外编以发。”（清·厉荃《事物异名录》）汉代时，巾帼成为妇女专用的配饰，宫中的贵妇便戴巾帼。三国时，蜀魏相争，诸葛亮曾给政敌司马懿送去“巾帼妇人之饰”，借以嘲讽他避战不出，简直像一个胆小怕事的妇人一般。然而，历史上也颇有一些“谁言女子不如男”的女中豪杰。花木兰便是文学作品和戏曲中塑造的这样一个典型形象。“克敌垂成不受勋，凛然巾帼是将军。一般过客留吟句，绝胜钱塘苏小坟。”这是乾隆《木兰祠》的诗句，帝王将相也折服于巾帼英雄。

图7　女性头戴巾帼形象
东汉·陶听琴女俑，四川彭山地区出土，北京故宫博物院藏

8. “绿帽子”为什么是耻辱?

今天我们说的“戴绿帽子”是一个很不好的羞辱人的词语，暗指某人的配偶出轨，令此人蒙羞。为何绿颜色的帽子处于帽子“鄙视链”的底端呢？原来，在中国古代，人们就曾经用不同颜色的帻巾来区分所戴者不同的身份等级。如普通的黎民百姓戴黑色头巾；儒雅的文士戴白色的纶巾或白纱罗巾；军士武将曾被规定戴“赤帻”，也就是红色的头巾；而奴仆杂役则戴“绿帻”，绿头巾在古时便被定义为身份卑贱之人所戴的。不过奴仆杂役也仅是身份地位低微而已，绿头巾又何以与生活作风道德扯上关系？这是从元代开始的。《大元圣政国朝典章》之中规定：“娼妓之家长并亲属男子裹青巾。”所以才有了流传至今的“绿帽子”之喻。

图8-1　戴绿色巾帻的卑贱仆役形象
李慕琳手绘插图

图8-2　羽扇纶巾形象
李慕琳手绘插图

9. 中国古人为什么男女都留长发?

在现代社会普遍的审美和习惯中，女子“长发及腰”是美丽的，男子则大多剪干净利落的短发发型。但在中国古代，不分男女，一律蓄长发。这是为什么呢？中国古代人认为“身体发肤，受之父母，不敢毁伤，孝之始也”（秦汉《孝经·开宗明义章》）。故而，古时不论男女，都不敢轻易剪头发，只能留着飘飘长发，挽成发髻。蓄长发为的是遵循当时社会的礼仪道德要求。古人剪头发的一种情况是受到惩罚。如《周礼》中就记载了古代的五种主要刑罚：墨刑（脸上刺青做记号）、劓刑（割掉鼻子）、宫刑（割掉生殖器）、刖刑（剁掉脚）、髡刑（剪掉头发）。古人剪头发的另一种情况是做出巨大的牺牲或承诺。例如《红楼梦》中鸳鸯削发明志；《三国演义》中曹操因践踏了百姓的麦田而“髡剔谢罪”；女子剪下一缕青丝赠予心上人等。晋代陶侃的母亲曾因家贫无钱招待宾客，便剪了自己的头发用来换酒换菜，美名流传千古。

右/图9　鸳鸯削发
李慕琳手绘插图

10. 古代女子的发型有多美?

中国古代的女性跟我们今天的女孩子一样，特别重视发型的美。但是，古代的女子通常不会散发披肩，而是将一头秀发梳挽成各种各样的发髻。古籍中记载“自燧人氏而妇人束发为髻”（元末明初·陶宗仪《说郛·实录》），发髻的历史可谓久矣。虽然中国古代男子也留长发梳发髻，但男子发髻的样式远远没有女子丰富多彩。商周时期的发髻相对简单，一般挽在头顶正中。到了汉代，女子的发髻花样就开始多起来。汉代女子常梳的是垂髻，这种发髻一般垂在脑后，有的更低垂在颈背部。古代女子发型最华丽的时代还是大唐盛世。唐代女子发髻有的是继承前代的发式，但更多的是新创造的样式。高髻指高耸的发髻，在唐代最为流行。“插花向高髻”（万楚《杂曲歌辞·茱萸女》），“金翘峨髻愁暮云”（李贺《二月》），“髻鬟峨峨高一尺，门前立地看春风”（元稹《李娃行》），这些诗句描写的都是唐代妇女的高髻。云髻是高髻的一种，因髻的样式盘旋高耸，似云朵的

图10-1　唐代女子梳的高髻
唐·《簪花仕女图》，周昉作（传），辽宁省博物馆藏

图10-2　初唐宫女梳的云髻
初唐·《步辇图》（局部），阎立本作（传），北京故宫博物院藏

形状而得名；半翻髻是初唐流行的一种高髻，形状如同翻卷的荷叶，自下往上梳，到顶部突然翻转；螺髻也是一种高髻，形状如同螺壳，堆于头顶，原本是儿童发式，到了唐代妇女也梳螺髻。此外还有惊鹄髻、交心髻、回鹘髻、乌蛮髻、丛髻等种种，都属于高髻。侧髻指侧垂而向下的发髻，就是堕马髻这类发髻的样式。堕马髻在汉代就有，后来演变为倭堕髻。这两种发髻比较相似，都是侧在一边低垂而倾斜的样式。唐代诗人岑参的诗句中写“美人红妆色正鲜，侧垂高髻插金钿”

图10-3　半翻髻、螺髻、交心髻、螺髻背面、高髻
盛唐·《宫女图》，1960年陕西咸阳乾县永泰公主墓出土，陕西历史博物馆藏

（《敦煌太守后庭歌》），温庭筠的词中写“倭堕低梳髻，连娟细扫眉”（《南歌子》）描写的均是侧髻。梳侧髻的方法是把全部头发梳至头顶，在头顶正中梳一个发髻，发髻向一侧倾斜垂落。发型中空环形的部分叫作鬟，有云鬟、高鬟、低鬟、双鬟、圆鬟、同心鬟、垂鬟等。其中最有名也最有特色的是“双鬟望仙髻”，这种鬟形发髻产生和流行于唐开元年间（713—741），多见于少女。梳法是头发中分为两股，做成左右对称的两个圆环。

宋代人民生活富裕，因此妇女偏爱高冠长梳。高冠长梳属于高髻的一种，亦简称“冠梳”，先用漆纱、金银、珠玉等做成两鬓垂肩的高冠，再在冠上插白角长梳（羊角或牛角制成），后又加饰金银珠花。“门前一尺春风髻，窗内三更夜雨衾”（北宋·赵令畤《鹧鸪天·可是相逢意便深》）便体现了这种冠身硕大、造型复杂的高髻。南宋词人陆游曾写有一部《入蜀记》，其中描述道：“未嫁者率为同心髻，高二尺，插银钗至六只，后插大象牙梳，如手大。”当时少女特别喜欢双丫髻和三丫髻。双丫髻是将所有头发平均分到两侧，再结

图10-4 倭堕髻
盛唐·《虢国夫人游春图》（局部），张萱作（现存宋摹本），辽宁省博物馆藏

图10-5 双环望仙髻
唐·彩绘双环望仙髻舞女俑，东京国立博物馆藏

梳成髻；三丫髻则是梳三髻于头顶，然后勒上一条垂着珍珠的头绳。北宋苏汉臣的《冬日婴戏图》中左边的女孩梳的就是三丫髻。另外，宋代还有大梳裹、同心髻、朝天髻、芭蕉髻、盘髻、盘福龙髻、包髻、双蟠髻等样式。

宋代妇女还有戴花冠的习俗，她们头上除了戴冠、插簪以外，还插上各种各样的花。由于鲜花的保鲜期太短，后来便出现了以绢、丝制作的仿生花代替鲜花制作花冠。元代头饰基本沿袭了宋代发制，如云髻、高髻等。明代初期妇女发型基本承袭宋代，嘉靖后出现较大变化，当时流行的发型是桃心髻，妇女把发髻梳成扁圆形，在髻顶饰以花朵。之后又演变为金银丝挽结，再将发髻梳高。另外，还有鹅胆心髻、桃尖顶髻、堕马髻、狄髻、特髻等发型。清朝满族女子普遍以“旗头”作打扮，主要有一字头、大拉翅、二把头、架子头、钿子头、纂、冠子等；汉族女子以高髻为风尚，主要有牡丹髻、荷花头、钵盂头、回心髻、清水髻、垂鬟髻等。

图10-6　三丫髻
北宋·《冬日婴戏图》（局部），苏汉臣作，台北故宫博物院藏

图11 年画娃娃造型
《连年有余》，杨柳青木版年画，天津市杨柳青镇

11. 古代小孩梳什么样的发型?

陶渊明在他著名的《桃花源记》中写道：“黄发垂髫，并怡然自乐。”说的是桃花源中的老人和小孩都生活得幸福快乐。其中的“垂髫”是一种古代小孩儿留的发型，用以指代儿童。前面我们说过，中国古人把头发看得极其重要，发型也是礼仪制度的组成部分之一。成年人的头发要纳入礼法的约“束”。这

个标志成人的年龄是男子的“弱冠之年”，也就是二十岁；女子的“及笄之年”，也就是十五岁。在此之前的小孩儿们，他们的头发样式是没有严格规定的。三到八岁的幼童不用特别规矩地束发，可以披散着部分头发，这种发型叫作“垂髫”。八九岁以后的小孩，发型就要规矩整齐些，将头发从中间分开，左右各梳一个发髻，两个发髻顶在头上像两支小角，非常可爱，所以这种发型叫作“总角”。同时其形态还像汉字的“丫”，所以又叫“双丫髻”或“双丫角”。这种发型小男孩和小女孩都可以梳，《哪吒闹海》动画片中的小哪吒、民间木版年画中的胖娃娃，都梳着这样的发型。直到近代，小孩儿们未成年时也梳双丫髻。如鲁迅先生的《风波》中描写的小女孩“六斤”：“七斤嫂正没好气，便用筷子在伊的双丫角中间，直扎下去。”转过年的夏天，“六斤的双丫角，已经变成一支大辫子了”。由这些以往的文章与图画可见，可爱的双丫髻是中国古代小孩儿的标志性发型和童真写照。

12. 是“丫环”还是“丫鬟”？

图12　梳双鬟的奉香天女形象
五代，榆林窟第16窟，前室西壁北侧，高阳临摹

在影视剧和戏曲舞台上，古时候的大家闺秀身边总有跟着伺候她的小丫环，一如《西厢记》中莺莺小姐身边娇俏可爱、聪明直爽的小红娘等人，是给人留下深刻印象的艺术人物形象。我们会发现，“丫环”这个词儿，有时候会写作“丫鬟”。这两种写法有什么区别，到底哪个对呢？其实“丫鬟”正是古代身份地位比较低的年轻女子梳的一种发型，它的样子是把头发分为两股，梳成两个空心的圆环状。“丫鬟”与我们前面说到的“丫髻”的区别何在？“丫髻”是实心的两个发髻，而“丫鬟”是空心的两个圆环。“丫髻”是挽在头顶两侧的，“丫鬟”则往往低垂下来，垂于脑后两侧。一般未婚的女子才会梳“鬟”这种发型，大户人家的侍女一般是由未婚的小姑娘充任，于是“丫鬟”就成了侍女的代名词。“丫环”与之同音，“环”似乎也可用于形容圆环状的发型，但其实还是写作“丫鬟”更有道理，也更准确。

13. 什么叫“结发夫妻”？

我们都知道一种从古至今一直沿用的说法：把初婚的原配夫妻称作“结发夫妻”。古诗文中这个词儿读起来总是那么深情款款、缠绵悱恻：“结发为夫妻，恩爱两不疑。”（汉・苏武《留别妻》）“结发同枕席，黄泉共为友。”（汉・佚名《孔雀东南飞》）这里说的“结发”是什么呢？古代人在成婚的时候要举行一个很隆重的“结发之礼”，就是在婚礼上将新郎、新娘的头发依男左女右的位置扎在一起。

“合髻”是唐中期由“结发”演变而来的婚礼仪式。新郎和新娘分别解下发髻和发鬟，从各自头上取下其中的一小缕头发，合在一起，挽成一个同心结，叫作“合髻”。相比“结发”，“合髻”则是新婚男女各自剪下一绺头发，绾在一起，作为信物，而不是新郎新娘把头发缠在一起。正所谓：“侬既剪云鬟，郎亦分丝发。觅向无人处，绾作同心结。”（唐・晁采《子夜歌》）古人的生活是如此浪漫又有仪式感，同时这些仪式也说明头发在古人的心目中是无比重要的。

右/图13　根据唐・晁采《子夜歌》诗意创作“结发夫妻”，李慕琳手绘插图

图14-1　古代女子戴花
唐·《簪花仕女图》（局部），周昉作（传），辽宁省博物馆藏

14. 古代女子和男子都喜欢头戴花儿吗?

传世名画《簪花仕女图》中所描绘的唐代宫中贵妇，高高的发髻上插戴着大朵娇艳欲滴的鲜花，“花面交相映”（唐·温庭筠《菩萨蛮》），尽显大唐美女的雍容华贵。此画的美名也正在于“簪花”。头戴鲜花或假花作为发饰，是历代女性都喜爱的装扮，大家司空见惯。但中国古代男子在某些历史时期或某些场合，也风靡头戴花儿，这就不是世人皆知的了。男子戴花，自唐宋开始流行。杜牧诗中写道："尘世难逢开口笑，菊花须插满头归。"（《九月齐山登高》）苏东坡也曾留下诗句："人老簪花不自羞，花应羞上老人头。"（《吉祥寺赏牡丹》）在《水浒传》中描写有风流倜傥的燕青的装扮："腰间斜插名人扇，鬓畔常簪四季花。"更有另一位水浒英雄的诨名儿就叫"一枝花蔡庆"。不光清俊男子，就连戴着一顶破头巾、凶神恶煞般相貌的阮小五，鬓边居然也斜插石榴花。可见，唐宋时期，男子戴花十分普遍。还有宋代官员随皇帝参加重大典礼，都会得到宫里赐的花儿统一戴上，"牡丹芍药蔷薇朵，都向千官帽上开"（宋·杨万里《德寿宫庆寿口号十篇》）。这比《簪花仕女图》更有画面感！

图14-2　古代男子簪花
清·《簪花图》，苏六朋作

图15-1　头戴梳子的女供养人像
盛唐·《都督夫人礼佛图》（局部，都督夫人太原王氏供养像），莫高窟第130窟，段文杰临摹，敦煌研究院藏

图15-2　头插小梳的宫女像
唐·《唐人宫乐图》（局部），台北故宫博物院藏

15. 古代的梳子只是用来梳头的吗？

梳子自远古时代就被发明出来，一直流传到今天，是人们整理头发用的必备工具。这类工具除了梳子，还有篦子。梳子的齿较为稀疏，篦子的齿更加细密。古时候将梳篦合称为“栉”。今天我们使用梳子，主要是用它把头发梳理整齐。但古代的梳子，一类是梳发用的工具，还有一类是插在头发上用作装饰的首饰。当首饰用的梳子制作得特别精美，所用材质也非常讲究，有金、银、玉、玳瑁、象牙等各种华贵的材质。梳子的装饰主要在梳背上，因为梳齿插入发中，梳背则露在发上。梳背上常用錾刻、镶嵌、镂空等种种工艺，做出花草禽鸟等精美的纹样，诗文里描写的“凤髻金泥带，龙纹玉掌梳”（宋·欧阳修《南歌子》）便是装饰有龙纹的玉质梳子。唐宋时期的女子，流行在头上插戴梳子，将梳子作为一种时髦头饰。她们喜欢将梳子插在发髻正中最醒目的位置，有时插一把大的，有时是一上一下对着插两把半月形的小梳子。在两鬓和发髻之后也有插梳子装饰的，所谓“满头行小梳”（唐·元稹《恨妆成》）。敦煌莫高窟壁画上就描绘了大量头插梳子装饰的女供养人。这种首饰梳子做得极其小巧玲珑。在历代出土文物中，我们也能够欣赏到古人所制所用的精美首饰梳子。也许某一时，头戴梳子可以复兴为一种时尚呢！

图15-3　出土文物中的精美梳子
唐·金发梳，四川广汉雒城镇树林路基建工地出土，广汉市文物管理所藏

16.什么是“玉搔头”？

北京的夏天，庭院中常有一种素雅而清香的花儿静静地开放，这种花叫作“玉簪花”。玉簪花的花筒细长，花瓣收拢，颜色洁白，形似女子头上戴的玉簪子，故此得名。簪，是中国古代常用的一种发饰，它的前身叫作“笄”。人类从原始社会时期的披头散发，进化到懂得干净整齐和礼仪，把头发挽束起来的时候，就发明了发笄。新石器时代的墓葬里曾发掘出大量骨笄、蚌笄、石笄、木笄等。中国古代女性到十五岁举行的标志成年的仪式也叫“及笄之礼”。两汉时期，“笄”的称谓渐渐被“簪”取代。簪除了具有挽束头发的实用功能之外，还是身份富贵的象征。制作簪的材料有玉石、金银、玳瑁、犀角、琉璃等，其中玉簪格外被古人看重。相传汉武帝在宠幸宠姬李夫人之时，忽然觉得头痒，便拿了李夫人的一支玉簪挠头，于是玉簪便

得了一个别名叫作“玉搔头”。《长恨歌》（唐·白居易）中的“翠翘金雀玉搔头”写的就是此物。簪子的外形呈长棍状，末端是尖的，所以可以用来搔头解痒。簪子的簪头是装饰重点，通常被雕刻镶嵌成各种优美的造型和花纹。

图16-1　出土文物的簪子实物
清·金花卉簪，北京海淀区博物馆藏

图16-2　出土文物中的簪子实物
清·金龙嵌珍珠簪，北京海淀区博物馆藏

图17-1　出土文物中的凤钗实物
南宋·银脚金凤钗一对，浙江杭州桐庐县百江镇罗山乐明村墓葬出土，桐庐县博物馆藏

17. “金陵十二钗”的钗是什么?

古典文学名著《红楼梦》中，将十二个主角女子概括为“金陵十二钗”。其中端庄温婉的宝姐姐，闺名便叫作“薛宝钗”。那么，这个“钗”是什么呢？其实它是与我们前文介绍的“簪”功能相近的一种首饰。簪和钗的功能虽然都是用来挽头发，但从形态上看，二者还是有区别的。簪脚只有一股，而钗脚则是两股，两股的钗脚插进发中，能够把头发固定得更牢，于是当女子梳高发髻的时候，钗就必不可少。因此，簪子是男女通用的首饰，而钗是女子专用的装饰之物。钗也如簪一样，可以用各种名贵材质制作。簪子里最常见的是玉簪，而钗中最流行的是金钗。金钗的钗头会打造成各种优美的形态，如龙形、花卉形、昆虫形、禽鸟形、鱼形等。其中最有名的是“钗头凤”，也就是凤形钗。凤的形态和黄金的材质，共同表明了戴钗者的高贵地位。贫寒家庭的女子戴不起金银玉钗，便只能以荆条做钗。因此，“荆钗布裙”成为贫妇的代称。男子自谦对外人称呼自己的妻子为“拙荆”，也是源于此。

17-2　出土文物中的金钗
清·嵌宝石荷蟹纹金钗，海淀区博物馆藏

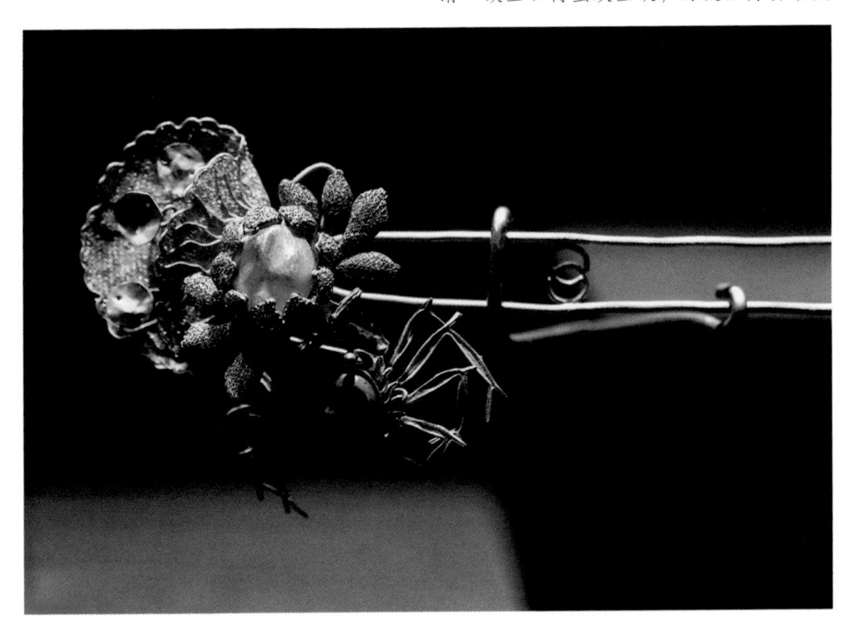

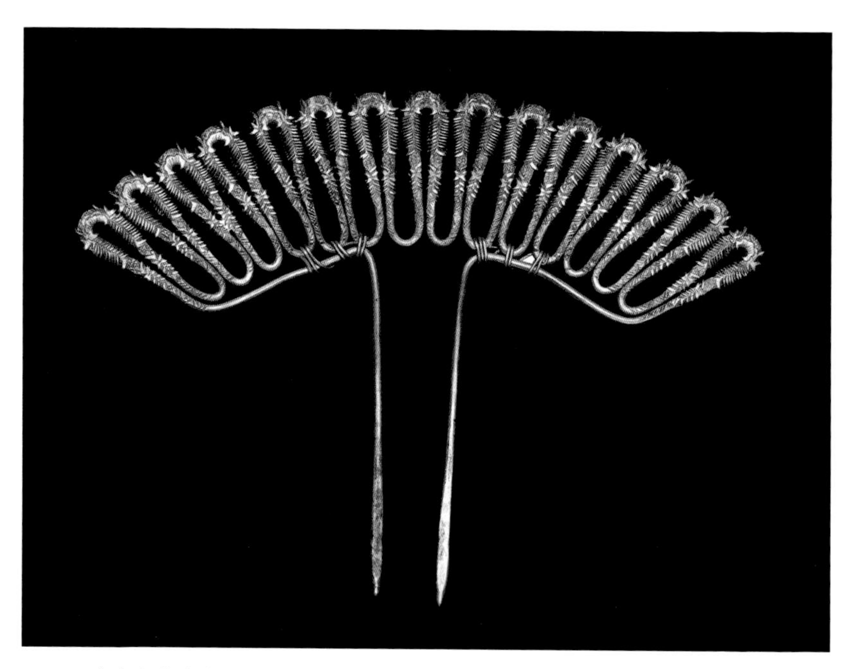

17-3　出土文物中的桥梁式钗
南宋·金竹叶桥梁式钗，浙江省东阳市白云街道杨大坞村金交椅山宋墓出土，东阳市博物馆藏

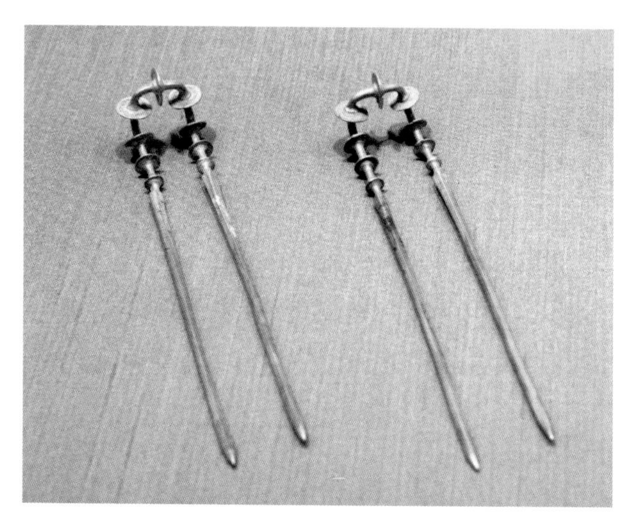

17-4　出土文物中的竹节钗
元·金竹节钗一对，苏州张士诚母曹氏墓出土，苏州博物馆藏

身上何所见？

——中国古代服饰的衣、服、袍、衫、裙、裤之问

18. 皇帝必须“黄袍加身”吗？

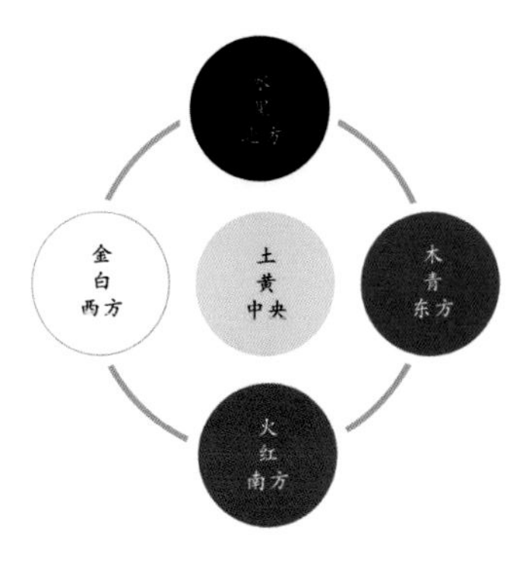

图18-1　五方正色
李慕琳手绘插图

在历史书中，写到宋太祖赵匡胤在陈桥发动兵变，部下将一领黄袍披在他的身上，拥立他为天子，从此开创了大宋朝的江山基业，也留下了“黄袍加身”这一典故。黄色是中国古代帝王衣着的代表服色，这是大家耳熟能详的。但是，中国古代帝王的衣服是不是只能用黄色，历代都是以黄色为尊吗？其实并非如此。在周代之前，夏代、商代君主的服装并没有严格的服色规定。只是夏代君主偏好穿黑色衣服，而商代君主则“尚白”。到了周代，在“阴阳五行说”的影响下，人们将金、木、水、火、土五种物质，与五种颜色、五个方位一一对应起来，即金—白—西方，木—青—东方，水—黑—北方，火—

图18-2　李世民黄袍画像
《唐太宗立像》，北京故宫南薰殿旧藏，台北故宫博物院藏

图18-3　赵佶红袍画像
《宋徽宗画像》，北京故宫南薰殿旧藏，台北故宫博物院藏

红—南方，土—黄—中央。红青黄白黑这五种色彩，被奉为“五方正色”。更有甚者，人间帝王的统治、朝代的兴衰更替，也被纳入阴阳五行相生相克的关系之中。“阴阳五行说”认为：夏是木德，商是金德，周是火德，所以商灭夏是金克木，周灭商是火克金。秦一统天下，水克火，故此秦是水德。象征水的颜色是黑色，秦代的皇帝礼服因此以黑色为主调。之后的汉代帝王礼服，以赤（红）和玄（黑）二色搭配为尊贵。将黄色作为帝王服饰专用色，则是自隋唐时期开始。

《新唐书》（宋·欧阳修等）记载："至唐高祖，以赭黄袍、巾带为常服……天子袍衫稍用赤、黄，遂禁臣民服。"传世的唐太宗李世民画像中，其身着的黄袍便是经典的"帝王黄"了。但皇帝上朝时的"正装"和日常的"常服"还有区别。皇帝日常也不必清一色地都穿黄色服饰。例如宋代的皇帝虽然"黄袍加身"打天下，但留下来的皇帝画像，既有一身红袍的，也有一袭白衣的。清代的宫廷服饰色彩制度比较严格，将黄色的色调也做了更细致的等级区分，只有皇帝皇后可以穿明黄色，太子等皇族只可以穿杏黄色。如果某臣子能得到御赐的"黄马褂"，那是无上的荣光。

图18-4　赵匡胤白袍画像《宋太祖坐像》，北京故宫南薰殿旧藏，台北故宫博物院藏

19. 皇帝的服饰上只有“龙”的图案吗?

京剧中有著名的《打龙袍》的戏出儿。古代皇帝犯了错误，不能真的打皇帝的板子，只能打皇帝身上穿的那件龙袍，所以“龙袍”象征着皇权地位，绣龙也是皇帝袍子的专属。那么，皇帝的服饰上只有“龙”的图案吗？这就要了解一下中国古代的章服制度。从周代开始，便规定了帝王公卿在典礼上穿着的礼服形制和礼服上的装饰纹样，逐渐形成并固定了帝王礼服上的十二种具有特殊寓意的纹样，即“十二章”。这十二章分别是：日、月、星辰、山、龙、华虫、宗彝、藻、火、粉米、黼、黻。其中，日、月和星辰象征着皇帝的威仪如日月星辰般照临大地；山代表着皇权的稳固，并有“高山仰止”的含义；龙是皇帝的象征，且有神奇变幻的异能；华虫是羽毛艳丽的雉鸡形象，代表着有文采；宗彝为一对，是祭祀中使用的酒器，一只绘虎纹，一只绘猿猴纹，虎的意义是威猛，猿猴的意义是灵智，绘在宗彝之上的虎和猿也表达着忠孝之意；藻即水草，具有洁净之意；火则寓意着光明；粉米即米粒，象征“滋养万民”；黼是一柄黑身白刃的斧头样子，象征着果断；黻是一个“亞”形状，是古代的“弗”字，有君臣辅弼的意义，这个图像两面对称相背，也有背恶向善之意。古代帝王服饰上不是只有龙纹，而是有“十二章”的各个图案。“十二章”纹样用它们的丰富意义彰显皇权，实现礼仪教化，如皇帝穿在身上的行为准则书一般。皇帝之下的公卿，礼服上也有这些花纹，只不过依尊卑等级递减数量。

图19　十二章纹样
李慕琳手绘插图

图20-1　唐代袍服
初唐·《步辇图》（局部），阎立本作（传），北京故宫博物院藏

图20-2　唐代大袖纱罗衫
唐·《簪花仕女图》（局部），周昉作（传），辽宁省博物馆藏

20. 衣、袍、衫、袄、襦，你能分清楚吗？

“衣服”这个词儿我们现在随口常说，很少有人会仔细考究“衣”到底是什么由来。《易经·系辞下》中写道：“黄帝尧舜垂衣裳而天下治。”这里的“衣裳”，便是中国古代服装的一种重要的制式，就是“上衣下裳”制。上身穿的叫“衣”，下身穿的叫“裳”。衣既只用于上身穿着，长度便不会甚长。另一种服装制式则是把上衣下裳连为一体，这便是春秋战国到汉代流行的“深衣”。“袍”便是在深衣的基础上产生的，所以袍子是较长的一种服装，至少要长至膝下，甚或到脚踝处，是把上下衣裳连为一体的服装制式。隋唐时期，袍服开始盛行，皇帝和百官在正式场合都穿袍服。“衫”也是一种长衣，但它是一种没有衬里的单衣，而且大多做成对襟、宽袖的样式，是一种夏天穿的衣服。用纱罗制的轻薄衫儿，有一种飘逸柔美之感。而“襦”和“袄”都是上身穿的短衣。有的襦长度仅仅齐到腰间，所以又叫“腰襦”，如汉乐府《孔雀东南飞》诗中所写：“妾有绣腰襦，葳蕤白生光。”女子上身穿短襦、下身系长裙是流行了很久的装束。“袄”则比襦长而比袍短，一般是秋冬季穿的厚实的服装。袄是一定有衬里的，以棉为衬即为棉袄，用动物皮毛做衬的便是皮袄。

图20-3　清代大襟袄实物
清·红色缎绣八团花卉八宝纹女袄，上海观复博物馆藏

21. 古人的衣襟和衣领有什么讲究?

中国古代，把衣服的衣襟叫作“衽”。衣襟在衣服的前胸部位，所以古人将有抱负称为有“胸襟”，将没有私心的品格称为“襟怀坦荡”。这说明衣襟是服装上非常受重视的一个部位了。衣襟向左边掩，叫作“左衽”，向右边掩则叫作“右衽”。在中原汉族传统的礼仪制度里，以“右衽”为尊贵和正统，“被发左衽”被认为是夷狄落后的象征。这种斜掩衣襟的衣服叫作“大襟”，衣襟左右相交叠压而形成的衣领便是“交领”，汉代以前的衣服一般都是交领。汉末魏晋时期，开始流行对襟的衫子，衣襟不相交叠压，而是在胸前两边合并垂直而下，这样形成的领子叫作“直领”。隋唐时期则流行圆领袍

图21-1　汉代交领服装
西汉·彩绘木雕六博俑，1972年甘肃武威磨嘴子汉墓群48号墓出土，甘肃省博物馆藏

图21-2　南北朝人物对襟直领服装
西魏·《五百强盗成佛故事》（局部），莫高窟第285窟，主室南壁

图21-3　唐代男子圆领袍
唐·《仪卫图》，1971年陕西咸阳乾县乾陵杨家洼村章怀太子墓出土，
陕西历史博物馆藏

服，皇帝和官员均穿着。唐代受到外来文化影响，还出现了源于波斯地区的三角形翻领的袍子，风靡一时。唐代女子在开放的社会风气下，也流行过穿半露酥胸的低“U”形领的上衣，这种衣领在今天看起来也是非常时尚的款式！

图21-4　唐代三角形翻领服装
唐·陶俑，东京富士美术馆藏

图21-5　唐代女子低胸深“U”领服装
唐·懿德太子墓石椁线刻画复原（局部），1971年陕西咸阳乾县乾陵韩家堡村懿德太子墓出土

22. 古人衣服的宽袖子、窄袖子为什么变来变去的?

图22-1　穿窄袖胡服的人物
唐·唐三彩胡装女俑，1987年洛阳铁道部十五局出土

“寂寞嫦娥舒广袖”（毛泽东《蝶恋花·答李淑一》）这句诗词生动地描写了中国古代服装的袖子。褒衣、博带、广袖，是中国传统服装给人的一般印象。其中“褒”“博”“广”这三个字，都有宽大的意思。在传世的画卷中、在今天拍摄的古代题材影视剧中，我们看到的古人也确是大多穿着宽袍大袖的服装，衣袂飘飘，看起来庄重又潇洒。这个飘飘的“袂”，就是袖子的意思。但是，古人真的在任何时代任何场合都穿大袖子的衣服吗？其实不然，大袖子的衣服大多是身份地位高贵的贵族、官员，在正式礼仪场合所穿着的。汉乐府诗《城中谣》中唱道：“城中好大袖，四方全匹帛。”讽刺了盲目追求时尚流行的“大袖”风气。要用成匹的绢帛裁制的大袖服装，不是一般的平民百姓穿得起的。另外，大袖的服装虽然飘逸潇洒，但不便于日常生活劳作，更不适用于战场作战。所以，在战国时期，赵武灵王就进行了大胆的“胡服骑射”改革，吸收游牧民族服装的特点和优点。“胡服”的一大特点就是紧身窄袖，非常爽利便捷。将传统的大袖与窄袖结合起来，古人又发明了一种叫作“垂胡袖”的

袖子样式。这里的“胡”指的是牛的下颌垂下的一坨松肉，形象地比喻了这种袖子的形状。在战国楚墓帛画《人物龙凤图》中，墓主人就穿着垂胡袖的衣服，袖口缩紧而袖笼很大。这种袖子既不像广袖那样行动碍事，又比窄袖宽松舒适，能更方便肘腕处的活动。所以，古代服装袖子的宽窄不仅是时尚的更替，更与实际功能密切相关。

图22-2 战国人物的垂胡袖
战国·《人物龙凤图》帛画，湖南长沙陈家大山楚墓出土，
湖南省博物馆藏

23. 古人男女都穿裙子吗?

图23-1　百褶裙
晋至唐时期，新疆维吾尔自治区吐鲁番市阿斯塔那古墓群出土，吐鲁番博物馆藏

前文我们说过，中国古代服装的一种重要的制式就是“上衣下裳”。这个穿在下体的“裳”，有人认为就是裙子。其实“裳”与“裙”还是有区别的。商周时期，人们开始用裳遮蔽下身，这裳是前面一幅、后面一幅，用布带子系在腰里的，两侧并没有缝缀在一起，两边是开着大大的缝隙的。而裙子是做成一片，从前面向后围，把整个下体都严实地围住。裙子的出现比裳晚，在汉代出现。“裙”与“群”二字通假，“群”表示众多的意思。因为古代家织的布匹幅宽都比较窄，所以做一条裙子要用多幅布料拼成，裙由此得名。汉代有段时间男人和女人都穿裙子，但到南北朝以后，裙子便成为妇女专用的服饰了，男子多穿袍服与裤。“三绺梳头，两截穿衣”是形容女性的一个俗语，“两截穿衣”即上衣下裙，被指代为妇女，这也说明了服饰上的男女之别。

图23-2　动物纹毛裙残片
汉，1984年新疆维吾尔自治区和田地区洛浦县山普拉古墓群1号墓地出土，新疆维吾尔自治区博物馆藏

24. 古代成年人也穿“开裆裤”吗?

我们知道幼小的婴儿穿开裆裤是为了便溺方便，但这种露着屁股的开裆裤毕竟不雅观，近年来即便是小孩儿也很少有穿它的了。但是中国古代很长一段时间里，成年人的裤子居然也是没有裤裆的。最早的裤子不但没有裤裆，连裤腰也没有，只是两个裤管，长度是从膝盖到脚踝，穿的时候套在小腿上。所以古代的裤子又叫“胫衣”。胫就是小腿，大腿则叫作股。既然胫衣遮不住臀股，那么在它的外面就要穿“裳”来遮羞。商周到春秋战国时期，中原汉族的人们下身一直是这样穿的。后来，汉族吸收游牧民族骑马时所穿的有裆长裤的样子，加长了裤管，做出了裤腰，能把整条腿套住，但大部分裤子仍然是开裆的，还是要在裤外加裳。也有一部分裤子是“合裆”的，这种裤子有个专门的名字叫“裈”。能遮羞的合裆的裈，反而地位不高，一般

图24-1　古代的“开裆裤”
北宋 · 《清明上河图》（局部），张择端作，北京故宫博物院藏

图24-2　缠枝葡萄纹绫开裆夹裤
南宋，2016年5月浙江台州前礁村赵伯沄墓出土，台州市黄岩区博物馆藏

图24-3　小团花折枝莲花纹绫开裆夹裤
元，湖南华容阴嘴山墓出土，湖南省博物馆藏

是社会地位较为低微的士卒、奴仆才单独穿着裈。上流社会的人们依然穿着开裆裤外面罩裳，甚至还有的高级开裆裤用精美的丝织品“纨”所制，这就是我们今天形容不长进的富豪子弟为“纨绔”的由来。

25. 古人也穿时髦的短裤、阔腿裤、小口裤和背带裤吗?

在盛夏时节，人们穿短裤既凉快又时尚。中国古人也穿短裤吗？答案是肯定的。《史记·司马相如列传》中写道："相如身自着犊鼻裈，与保庸杂作，涤器于市中。"这是写司马相如带着卓文君私奔之后，开了一家小酒坊度日，文君当垆卖酒，才子司马相如穿着一条短裤与杂役一起洗杯盘碗碟。有人认为"犊鼻裈"类似今天的三角短裤，因形状上宽下窄、有点像牛鼻子而得名。但也有人考证说犊鼻裈其实是一种围裙。总之，古代的犊鼻裈并不是时尚装扮，而是底层劳动人民劳作时所穿着的。

阔腿裤在今天是一种时髦的裤型。中国古代也有阔腿裤，流行于魏晋南北朝时期，叫作"大口裤"。这种裤子的裤管十分宽大，为了避免行动不便，穿这种裤子的时候，人们会在膝盖处扎一条带子，所以又叫作"缚裤"。到了唐代，则流行紧窄裤脚紧缩的裤型，颇似我们今天的"萝卜裤""铅笔裤"。

如今小孩子和年轻人爱穿的背带裤，在唐代就已经出现了。新疆维吾尔自治区

图25-1 大口缚裤
北魏·陶俑，东京富士美术馆藏

阿斯塔那唐墓中出土过一幅绢画，上面绘着两个穿着彩色条纹背带裤的孩童，背带裤的样式和花纹不亚于现在的童装。所以，现代的流行时尚款式，很多是古代人已经尝试过的啦！

图25-2　孩童穿的条纹背带裤
唐·《双童图》（局部），1972年新疆维吾尔自治区吐鲁番市阿斯塔那古墓群187号墓出土，新疆维吾尔自治区博物馆藏

26. 里头穿长袖、外头穿短袖的混搭风是什么时候流行的？

如今有一种着装的时尚叫作“混搭”，譬如里面穿长袖衣服，外面再套一件短袖衫，就是混搭的一种。思想正统的长辈往往不免为之侧目：“什么混搭？不就是乱穿衣服嘛！”事实上，这种“混搭风”在中国古代早就有啦！短袖的上衣，在古代叫作“半臂”或“半袖”，是在三国时期出现的。但是露着一半胳膊的半袖，在刚一出现的时候也是让时人觉得难以接受的。《晋书·五行志》中记载，魏明帝曹叡曾经穿着一件“缥纨”做的轻飘飘的短袖衫子接见臣子杨阜，杨阜看着好生别扭，便直言向皇帝进谏，说这衣服不合礼法。但到了隋唐时期，半臂已经流行开来，无论男性还是女性，都可穿半臂，但女性穿得更多。在永泰公主墓壁画中，便描绘了上身穿窄袖襦，外罩半臂的宫女形象。盛唐时期，半臂更是非常盛行，在敦煌莫高窟第130窟的供养人像中，都督夫人太原王氏一众贵族女眷就有很多人穿着半臂。用来做半臂的织物非常讲究，花纹也十分精致华丽。这种短袖衣穿在长袖衣外面，是为了增加装饰和美感的。但中晚唐以后，女性的服装流行宽大的袍袖，崇尚“时世宽妆束”（唐·白居易《和梦游春诗一百韵》），不再像唐代前期那样“小头鞋履窄衣裳”（唐·白居易《上阳白发人》）了，半袖无法套在又肥又宽的长袖外面，这阵“混搭风”也就逐渐吹过去了。

右/图26　穿“半臂”的女子
盛唐·《都督夫人礼佛图》（局部，都督夫人太原王氏、女十一娘），莫高窟第130窟，段文杰临摹，敦煌研究院藏

女十一娘供養
都督夫人太原王氏一心供養

27. 古代的女子为何喜欢穿长裙?

从古到今，裙装都是最能显示女性之美的服饰，以至于出现一种指代女性的专用名词叫作“女裙钗”。今天的女子穿裙长短不一，有齐到脚踝的长裙，有及膝的中裙，更有大胆时尚的超短裙。但中国古代的女子则普遍穿长裙。其原因，一是中国传统礼教，衣必“被体深邃”，裙子自然也要把腿部全部遮住，不能有穿超短裙露大腿的情形；二是长裙可以在视觉上使人的体态更修长优美、亭亭玉立。汉代的时候便有流行长裙的记载：“女子好为长裙而上甚短。”（南朝宋·范晔《后汉书·五行志》）汉乐府诗《羽林郎》中也描写美丽的女子胡姬的装扮：“长裾连理带，广袖合欢襦。”到唐代的时候，女子更是流行穿着高腰齐胸的长裙，下摆曳地，“行即裙裾扫落梅”（唐·孟浩然《春情》）。裙子的总长度更长了，裁制这样的裙子自然颇费布料，故此，唐文宗时期，朝廷曾经下令规定女子的裙子拖地不能超过三寸（10厘米）。唐代以后，历代的女性依然普遍着长裙，直到近代，女性的裙子才逐渐出现了各种长度的款式。

图27　古代齐胸长裙
唐三彩梳妆女坐俑，1955年陕西西安东郊王家坟90号墓出土，陕西历史博物馆藏

28. 古代的“文胸”是什么样?

在人们日常所穿的服饰中，不光外衣重要，藏在里面的内衣更重要，虽然内衣比较隐私，不可轻易示人，但从古到今，内衣的款式和品质都是相当讲究的。中国古代的内衣叫作“亵衣”。亵这个字让我们联想到“亵渎”“猥亵”“可远观而不可亵玩焉”。亵衣作为贴身的衣服，倒是的确不可亵玩。古代男女都穿亵衣，亵衣有很多不同的名称。汉代的时候，亵衣有一个名称叫“汗衫”，我们今天还在沿用。但是亵衣另一个“曾用名”就不免让人“莫名惊诧”，大约南朝到隋唐，女子上身穿的内衣曾被叫作“袜”！袜子不是穿在脚上的吗？实际上，这个字在这里念做“末”。古诗中写的“袜小称腰身”（南朝梁·刘缓《敬酬刘长史咏名士悦倾城诗》），说的就是窈窕淑女穿着紧窄的内衣。这种妇女专用的上身内衣，与今天女性穿的文胸功能就比较相近了。唐代以后，女子的内衣常用的名称有两种，一是“主腰”，《水浒传》里描写母大虫顾大嫂“敞开胸脯，露出桃红纱主腰，上面一色

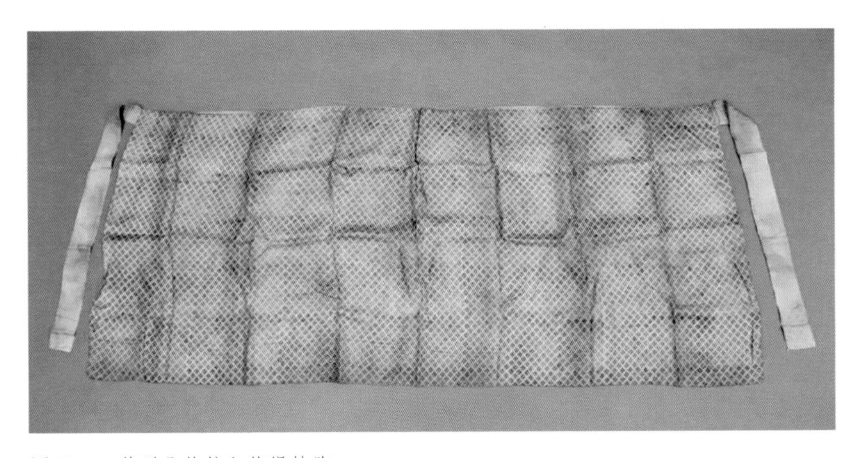

图28-1　菱形朵花纹印花绢抹胸
南宋，2003年南京高淳花山宋墓出土，南京博物馆藏

金钮”。二是“抹胸”，《金瓶梅》里写李瓶儿穿着“红绫抹胸儿”，《红楼梦》中描写俊俏泼辣的尤三姐“故意露出葱绿抹胸，一痕雪脯”。如果说主腰还有些像紧身背心，那么抹胸就基本上与现在束胸的胸罩一样了。在这些文学作品的描述里，主腰和抹胸的材质非纱即绫，都是上等丝织品，色彩也是红红绿绿十分艳丽，引人遐思。但在封建礼教严格的古代，敢露出主腰和抹胸的绝非闺秀，而是文学中夸张描写的行为放浪的女子。

图28-2　古代抹胸
南宋女性日常装扮，中国古代服饰文化展，中国国家博物馆展

图29-1 穿肚兜的胖娃娃
南宋·《秋庭戏婴图》，陈宗训作，
北京故宫博物院藏

29. 古代的“肚兜”只有小孩子穿吗?

我们在古代的“婴戏图”和民间木版年画上，都能看到可爱的胖娃娃形象，这些小孩子白白胖胖，身上往往不穿外衣裤，穿的仅是一件肚兜儿。肚兜一般用柔软舒适的面料裁成一个菱形，菱形的上端去掉尖角，安上一根挂脖的带子，菱形左右两边的两个角也各缀一根带子，用来系在腰间并在背后打结，菱形的下角则正好遮住腹部。肚兜也是一种内衣，其主要功能是让腹部保暖。古人认为肚子最怕冷，所以比较稚嫩的孩童和元气虚弱的老人都穿肚兜。女子也经常穿肚兜，大约是因为古人认为女人属阴，更需要保暖。有的肚兜中还缝有药物，起到治疗疾病和养生的作用。肚兜上往往绣着精美的图案，如女子的

图29-2　刺绣肚兜实物

肚兜绣鸳鸯戏水、百蝶穿花；孩子的肚兜绣麒麟送子、马上封侯等。这些图案均具有吉祥美好的寓意。在端午节时，还要给小孩儿穿一种专门制作的“五毒肚兜”，上面绣着老虎镇压蛇、蜈蚣、蟾蜍、蜘蛛、蝎子五种有毒的动物，以辟不祥。肚兜这种服饰的穿用在明清时最为流行，传世有很多民间刺绣肚兜的精品实物。

30. 古代人穿背心吗？

今天我们把完全无袖只有身的服饰叫作“背心”。背心在汉代的时候就出现了，当时它的名字叫作“裲裆”。因为“其一当胸，其一当背，因以名之也”（汉·刘熙《释名·释衣服》）。裲裆一开始是穿在外衣里面的，后来慢慢“内衣外穿”，穿在衣衫之外，就如我们今天把背心穿在衬衫外面一样。裲裆有无衬的，也有加入丝绵衬里的，后者就相当于我们今天的“棉背心”了。到了

图30　清·背心实物

宋代，“背心”这个名词就正式出现了。在许多宋画中都能看到穿背心的人物形象，并且男女老幼都有。明清时，背心更是常用的服饰，《红楼梦》第四十回中贾母叫人拿软烟罗给黛玉换窗纱，又说：“再找一找，只怕还有青的。若有时都拿出来，送这刘亲家两匹，做一个帐子我挂，下剩的添上里子，做些夹背心子给丫头们穿。”这里说的“夹背心子”是带衬里的。背心同时又叫作“坎肩”，如《红楼梦》中描写丫鬟小红：“穿着银红袄儿，青缎子坎肩。”看来大观园中丫鬟的工作服便是这种青色的背心、坎肩。另外，还有一种背心叫作“马甲”，马甲是一种短背心，长度只到腰间。长至膝盖处较长的背心，则叫作“比甲”，是对襟直领的样式，罩在裙袄之外。元明清三朝，比甲都是妇女常穿的服饰。在《金瓶梅》《西游记》《聊斋志异》等文学作品中均有对妇女身穿比甲的描写。

腰间何所佩?

——中国古代服饰的腰带、佩饰之问

图31-1 战国带钩实物
战国·镀金镶绿松石龙首带钩，哈佛大学艺术博物馆藏

31. “带钩”是什么?

在《史记》中记载了一个“管仲射钩”的故事。春秋时期，齐国的齐襄公昏庸残暴，他的弟弟公子小白和公子纠怕祸及己身，一个逃到了莒国，一个逃到了鲁国。后来齐襄公死了，公子小白和公子纠赶回齐国争夺君主之位。辅佐公子纠的管仲率兵埋伏在路上，向公子小白射了一支冷箭。小白诈死骗过了管仲。其实那支箭恰好射中了小白的带钩，故此带钩救了他一命。公子小白后来继位，便是鼎鼎有名的“春秋五霸”之中的齐桓公。这个救命的带钩，就是古人皮带上的皮带扣。春秋时期，带钩已经比较广泛地使用了。到了战国时期，由于中原服饰吸收了一定的“胡服”特点，革带的应用更加普遍。革

带上的带钩在这时除了有钩合束腰的实用功能之外，其装饰美观功能也更加受重视，所以战国时期的带钩造型非常多样。制作带钩的材料除了青铜之外，还有金、银、玉石、玛瑙等贵重之材。相应地，制作带钩的工艺也多种多样，十分精湛。常见的有青铜错金银（在青铜带钩上镶嵌金银形成图案）、鎏金、包金、镶嵌绿松石或琉璃、玉石等工艺。传世有许多精美的带钩实物，令人叹为观止。

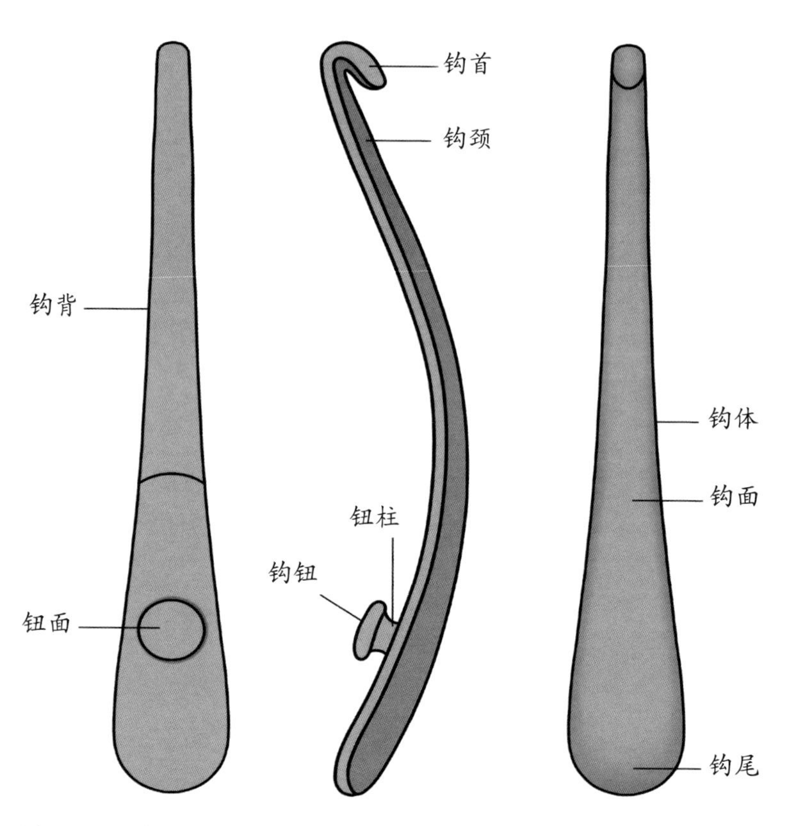

图31-2　带钩结构示意
李慕琳手绘插图

32. 古代最高级的腰带是什么样？

古代最高级的衣服是帝王和贵族在重要场合穿的“冕服”。冕服所配的腰带自然也是最高级的腰带了。穿冕服的时候要系两种腰带，一是“大带”，二是“革带”。大带是用精致华美的丝织物制成的，边缘上有“辟”。这个辟字在这里读第二声，指织物边缘的装饰，也就是我们今天俗称的“滚边”。天子用的大带里子，也就是背面，是

图32　冕服腰间的大带和革带
初唐·《历代帝王图》（局部，周武帝宇文邕），阎立本作（传），美国波士顿博物馆藏

红色的，叫作“朱里”。诸侯的大带背面则不用红色。大带宽四寸（约13.3厘米），束在腰间，下垂的那部分带子叫作“绅”，下垂部分越长，其人地位越高，所以大带又被称为“绅带”。用来指代当官的人的词“缙绅”，就源于冕服上的配件绅带。大带虽然高级美观又气派，却不够结实，所以冕服上腰间悬挂的一些零碎装饰则要挂在更结实的“革带”上。革带即是用皮革做的腰带，比大带要窄，革带宽二寸（约6.7厘米），前面系着“芾”，也可以写作“韨”，这是用鞣熟的皮革做的一块长条状的饰物，上部宽一尺（约33.3厘米），下部宽二尺（约66.7厘米），长度为三尺（100厘米）。芾系在革带上，垂在冕服前面正中，遮住腿部，所以又叫“蔽膝”。此外，穿冕服的时候腰间还要佩带“组绶”，这是系着玉佩的丝带。玉佩也是要挂在革带上的。最高级的冕服，连腰带都要系两条，古人的服饰礼仪还真是复杂呢！

33. “蹀躞带”是一种什么样的腰带?

“蹀躞”这两个字儿看起来笔画繁多非常难写，这个词现代已经不常用了，它的意思有很多，如小步快走、徘徊、颤动以及在事情或言语方面反复斟酌等。在古代服饰中，有一种腰带叫作“蹀躞带”，为何腰带会叫这样一个特别的名字呢？前文我们说到的“革带”，其皮革做的带身叫作“鞓”。在鞓上安装若干牌子状的饰板，这饰板叫作“带銙”。每块带銙上会有一个附环，在这个环上系上带子可用来拴一些随身携带的小物件，如弓、剑、帉帨（拭物佩巾）、算囊（存放物的袋子）、刀砺（小刀和磨刀石）等。这个系物之带就叫作“蹀躞”，而琳琅满目地悬挂着一众小物件的腰带，就是“蹀躞带”。蹀躞带在北朝的时候就有了。到唐代时，蹀躞带已经成为男子

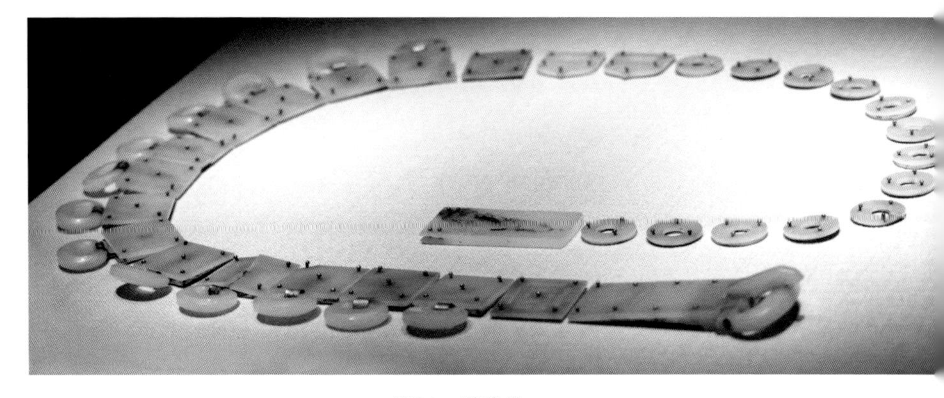

图33　蹀躞带
隋·十三环蹀躞金玉带，2013年江苏扬州曹庄隋炀帝墓出土，扬州市文物考古研究所藏

的必备服饰。腰带上有多少个“蹀躞”，都悬挂些什么东西，皆有明确的规定。最高级的蹀躞带为“十三环金带，盖天子之服也”（《周书·李穆传》）。蹀躞带本为胡制，方便胡人骑马打仗需要。到了唐代，蹀躞带一度被认为是官员必须佩戴之物，佩刀、刀子、砺石、契苾真（一种专门用来刻字的楔子）、哕厥（解绳扣的锥子）、针筒、火石等俗称为“蹀躞七事”。在陕西西安何家村出土的一副“九环蹀躞带”是典型的实物。扬州隋炀帝墓中则出土了至今发现的唯一一副十三环蹀躞带。腰束蹀躞带的人物形象在唐代墓室壁画和棺椁石刻上都多有表现，说明了这种腰带在当时的流行和普及。

34. 古人系的腰带末端的装饰叫什么？有什么讲究？

古代称腰带的末端为带尾，这个部分通常用金属或玉石制作，兼具实用性和装饰性。带尾与皮带等宽，长度是宽度的一倍。带尾的端头做成圆弧状，与笏板相似，所以又称为“笏头带”。带尾还有许多其他名称，如“银带排方獭尾长”（唐·王建《宫词》），这个“獭尾”指的就是带尾。水獭这种动物，其尾巴扁平，尾端也是圆的，用来形容带尾可以说是很形象了。带尾另有一个名字叫“铊尾”，《新唐书·车服志》中记载：“至唐高祖……腰带者，搢垂头于下，名曰铊尾，取顺下之意。”“搢”就是插的意思，古代的朝廷命官系上腰带之后，腰带末端的这个垂头，也就是带尾，要在腰后边的带子里别一下然后插住。古代的穿戴制度特别规定了别腰带的时候，带尾要向下方插，而不能向上。这含义是官员皆要顺服朝廷，绝对不能“犯上”，不能大“逆”不道。系条腰带都有如此多的政治上和礼仪上的深意，中国古代服饰真是历代都秉承着“垂衣裳而天下治”的宗旨！

图34　古人腰带末端带尾
五代南唐·《文苑图》，周文矩作，故宫博物院藏

35. 什么是“玉带”？

《红楼梦》中有写到贾宝玉于梦境中看到了预示大观园众女儿命运的一些册子。其中“十二金钗正册”中有一句判词：“玉带林中挂，金簪雪里埋。”用谐音暗示林黛玉和薛宝钗的命运。“玉带”和“金簪”恰恰都是本书写到的古代服饰。金簪是我们前文介绍过的头上戴的首饰，而玉带则是腰间系的腰带。这里说的“玉带”是怎样的一种腰带呢？古代高官的装束都是“蟒袍玉带”，这玉带其实也是皮革做的腰带，但是上面钉着玉石做的“带銙”。带銙在前文中也已经介绍过了，带銙的质地多种多样，有玉、金、银、犀角、玛瑙、铜、铁等，其中玉带銙的地位最高，甚至胜过金银，帝王临朝腰间束的就是玉带。等级仅次于玉带的便是金带，银带和犀角带的地位也比较高，常

图35　玉带
明·青玉胡人戏狮纹带板，1961年北京海淀区魏公村社会主义学院工地出土，首都博物馆藏

为达官贵人所用。普通的平民百姓则只能在腰带上安铜銙和铁銙。明清时期，带銙又叫作“带板”，《红楼梦》描写抄检大观园时，从惜春的丫鬟入画的箱子里抄出一副“玉带板子”。这玉带板子便是钉在腰带上的玉带銙，这是“那边的珍大爷”赏给入画的哥哥的。作为奴仆的入画兄妹，自然没资格拥有和使用这么高贵的玉带板子，但“威烈将军”贾珍是有可能把自己的玉带赏给下人的。

图36-1　古代玉佩
西汉·组玉佩，1992年山东淄博市临淄区永流乡商王墓地出土，淄博市博物馆藏

36. 古人在衣服上佩玉是为了炫富吗?

在中国古代，人们以玉为贵。“君子无故，玉不去身。”（《礼记·玉藻》）人们将以玉石雕琢成的各种饰物佩戴在身边，是重要的礼仪制度。“贵”和“富”的概念不一样，“富”只是有钱，但“贵”指的是身份地位以及精神气质的高贵。玉就被中国古人赋予了重要的精神品格和道德观念。“夫昔者，君子比德于玉焉。温润而泽，仁也；缜密以栗，知也；廉而不刿，义也；垂之如队，礼也；叩之，其声清越以长，其终诎然，乐也；瑕不掩瑜，瑜不掩瑕，忠也；孚尹旁达，信也；气如白虹，天也；精神见于山川，地也；圭璋特达，德也；天下莫不贵者，道也。”（《礼记·聘义》）在儒家思想观念里，若干君子德行用玉石的特质来作比喻，玉的高贵自然胜过金银财宝多矣。所以，古人在衣服上佩玉，并且玉不离身，并非为了炫富，而是彰显一种“崇德”和“尚礼”。

图36-2　古代玉佩
西汉·透雕龙凤纹重环玉佩，1983年广州象岗山南越王墓出土，西汉南越王博物馆藏

图36-3　帝君腰间的玉佩
盛唐·《送子天王图》（局部），吴道子作（传），日本大阪市立美术馆藏

图37-1　出土的绦环文物
明·金镶宝石心字绦环，北京昌平定陵出土，定陵博物馆藏

37. 古代人系的丝绦是一种什么样的腰带?

“碧玉妆成一树高，万条垂下绿丝绦。”（唐·贺知章《咏柳》）唐代大诗人贺知章咏柳树的诗句形象地用绿色的丝绦比喻柔软飘拂的柳枝。那么，什么是丝绦呢？丝绦又是做什么用的呢？丝绦也是古人用的一种腰带，是用丝缕编织成的，编织的丝带上面必然有织纹，正如缀满新萌柳叶的柳条一般。丝绦的颜色各种各样，从历代诗词歌咏来看，绿色的丝绦确是常见，如“绿丝绦带何人施”（宋·毕田《罗汉绦》），“垂杨慢舞绿丝绦”（宋·欧阳修《贺圣朝影》）等。

但也有紫色的丝绦“姹女紫丝绦”（清·曾习经《平谷杂诗·斗俊五陵侠》），彩色的丝绦“暖风搓出彩丝绦”（五代·花蕊夫人《宫词》）。黑色的丝绦非常朴素，一般是老年人系着，如《水浒传》中写：“那太公年近六旬之上，须发皆白……身穿直缝宽衫，腰系皂丝绦。”丝绦一般系于衫袍之外，以免衣服散开。道袍常配丝绦，有一种道袍的丝绦叫作“吕公绦”，由八仙之中的吕洞宾而得名。丝绦可以打一个结直接系在腰上。自宋代起又流行绦环和绦钩，将丝绦拴在绦环上，用绦环和绦钩结在一起，更为方便，不易松散滑脱。古人“系腰也按四季。春里系金绦环；夏里系玉绦环，最低的是菜玉，最高的是羊脂玉；秋里系减金钩子，寻常的不用，都是玲珑花样的；冬里系金厢宝石闹装，又系有综眼的乌犀系腰”（元《老乞大谚解》）。绦环材质多样，雕刻装饰精美。古人的一条丝绦都要按四季搭配装饰，古代的服饰文化真是讲究到了极点。

图37-2　出土的绦环文物
明·金镶白玉镂空云龙纹绦环，2001年湖北钟祥长滩镇大洪村龙山坡梁庄王墓出土，湖北省博物馆藏

图38　蒋玉菡情赠茜香罗，与宝玉换汗巾
李慕琳手绘插图

38. 汗巾是擦汗用的吗?

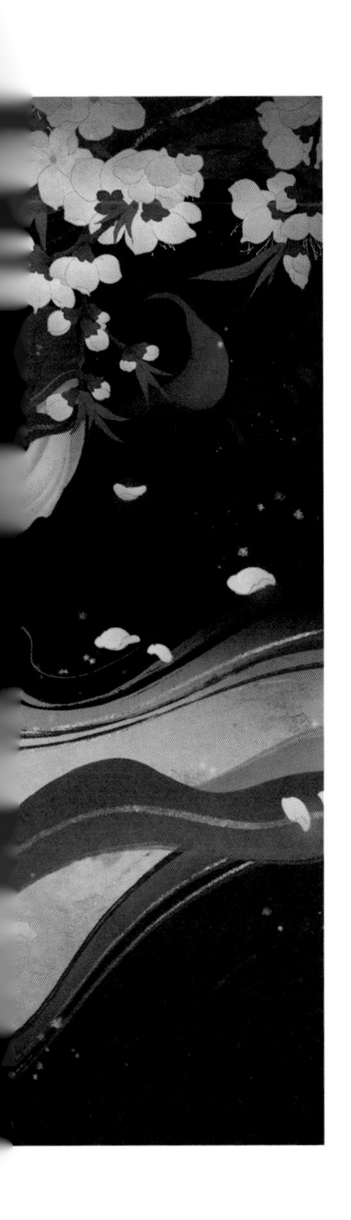

在《红楼梦》第二十八回里，“蒋玉菡情赠茜香罗”写了梨园名角蒋玉菡与贵公子贾宝玉初见，惺惺相惜，蒋玉菡把一条“大红汗巾子”赠与宝玉；宝玉也“喜不自禁”，将自己的一条“松花汗巾”回赠蒋玉菡。这传情达意的“汗巾”是什么东西呢？其实这也是古人系在腰间的一种腰带。中国古人居家时用的腰带以布帛所做的为多，系腰的布帛因宽窄不等，名称也有些区别。比较窄的叫作“腰带”，比较宽的叫作“腰巾”。有的腰巾是长条形的，有的是裁成方形的，用的时候折叠一下成为条形系在腰间。汗巾所用织物质地有精美贵重的，也有普通粗糙的。《水浒传》里的莽汉李逵，腰间系着条“棋子布手巾儿”，就是普通的布料。但蒋玉菡解下来赠给宝玉的那条大红汗巾，则是北静王赏赐予他，由茜香国女国王进贡来的一种珍稀名贵的织物所制，夏天系着，肌肤生香，不生汗渍。汗巾一般用来系裤子，而且是内里穿的裤子，俗称“小衣儿”，所以带有一种隐秘感，并不像其他腰带那样堂而皇之。汗巾既然是一幅布，有的时候从腰间解下来可以用来擦汗，也可以拿来包头。在古代文学作品里，汗巾的“出镜率”很高，也说明这是民间十分常见的一种服饰。

图39-1　清代荷包实物
清·纳纱绣荷包，首都博物馆藏

39. 古人腰间佩戴的小口袋是什么?

在古画中，我们常看到画面人物腰间挂着各种形状的小口袋。古代服饰的衣服上没有衣袋，所以随身携带之物常要用一个袋子装着挂在腰间，这就是中国古代服饰中的“佩囊”。佩囊的材质有皮革、布帛。商周以后，男女都普遍使用布帛做的佩囊。佩囊可以很方便地收纳需要携带的小件零星物品。有一些佩囊则有专用和专名，如官员盛放印绶的叫“绶囊”，绶囊上一般绣虎头为饰。唐代的时候，五品以上官员上朝时必须带鱼符，这种鱼符是从更早的虎符演变而来的，是中央政府与地方官员联络的重要凭据。这要紧的鱼符便盛在专用的“鱼袋”里，佩戴在腰间，“玉带悬金鱼”（唐·韩愈《示儿》）也就成了高官显贵的象征。古代衙门里做文吏的人，腰间悬挂的佩囊要大一些，里头装刀笔、算具、文书等文具，这种佩囊叫作“书袋”或“算袋”，在宋代也叫“招文袋”。《水浒传》中宋江怒杀阎婆惜，便是因为阎婆惜看到了他系在鸾带上的招文袋里的大秘密。这个招文袋便是宋江这般刀笔小吏上班时身佩的必要之物。此外，盛放钱币的佩囊叫作“搭膊”或“褡裢”；盛放香料佩在衣服上熏香的佩囊叫作“香囊”，这种香囊还有作男女定情信物的特殊功用，所以往往绣着并蒂莲花、交颈鸳鸯、双飞蝴蝶等有着特殊寓意的精美图案。到了清代，佩囊的种类样式发展出更多，并且通常叫作“荷包”。有放烟丝的烟袋荷包，有放“古代口香糖”——槟榔的槟榔荷包，还有扇袋、眼镜套、怀表套等，不一而足，五花八门。

图39-2　古代官员腰间的“佩囊”
清康熙·《凌烟阁功臣图》（局部，莒国公唐俭），刘源作

40. 古人的手帕都有什么用处?

在前文介绍过的“蹀躞带”中，古人腰带上挂的日常携带之物“蹀躞七事”中有一件叫作“帉帨”。这两个字儿都是“巾”字旁，是古代的拭物佩巾。一般擦物品用“帉”，擦手用“帨”。这就是我们所知的最早的手帕或者手绢儿。自汉代始，此物名为“手巾”。做手巾的织物有轻薄的纱罗，也有普通的布料，不同布料制成的手巾在不同时代，还有不同的名称，有一个最具文艺色彩的名字叫作“鲛绡”。在中国古代神话传说中，南海有一种“中国美人鱼”叫作鲛人，鱼尾人身，善于纺织，可以织出入水不湿的“龙绡”。鲛人一旦哭泣流泪，泪水便会化作颗颗明珠。“沧海月明珠有泪”（唐·李商隐《锦瑟》）写的就是鲛人之泪的典故。故此，中国古人把纱罗手帕均称为鲛绡，在诗词中反复吟咏，如“春如旧，人空瘦，泪痕红浥鲛绡透”（宋·陆游《钗头凤》）。明清时期，手帕这个名字比较常用。手帕可以佩在腰间，可以挂在衣襟上，也可以掖在袖子里。而且男女老少都带手帕。手帕由于是随身携带的物品，所以也相当具有个人隐私性，如果两人交换或赠送手帕，那一定是感情特别亲近。手帕也可作为男女定情的信物。《红楼梦》中常出现手帕定情这样的片段。如小红和贾芸交换手帕，贾宝玉让晴雯把自己的两方旧帕子送予黛玉表示衷情等。

右/图40　神话中的“鲛人”，
手中有“鲛绡”
李慕琳手绘插图

足下何所蹑?

——中国古代服饰的鞋、履、屐、袜之问

41. 古人把“鞋”叫作什么?

《韩非子》中有一个“郑人买履”的故事，讲一个郑国人去市场上买“履”。此人在家里先量好了脚的尺寸，结果去的时候却忘记带量好的标尺。他不知道用自己的脚去试穿一下履，确认大小，却非要回去取标尺。等取回来之后，集市已散，“履”也没有买成。这个郑国人买的“履”，就是战国时期人们对鞋子的统称。我们今天有一个常用词叫作“履行”，也是源于此。但在战国以前更早的时候，鞋子的统称并不是“履”，而是“屦”。在诗经中便有《葛屦》一篇，写道：“纠纠葛屦，可以履霜。”这个“纠纠”是纠缠、缠绕在一起的意思，“可以”在这里是“何以”，“履”字也出现了，但是用作动词，是“践踏”的意思。这两句诗的意思是，夏天穿的用葛编织的鞋，怎么能够踏上严冬的寒霜？屦就是古代用麻、葛等材质编织而做的鞋。其他材质的鞋，也用“屦”来统称。至于我们现在使用的这个称呼“鞋”，观其字形，是“革”字旁，最早指的是用生皮革做的履。“鞋”字出现在汉代，汉代刘熙《释名·释衣服》：“鞋，解也。著时缩其上如履然，解其上则舒解也。”但是，汉至唐代基本

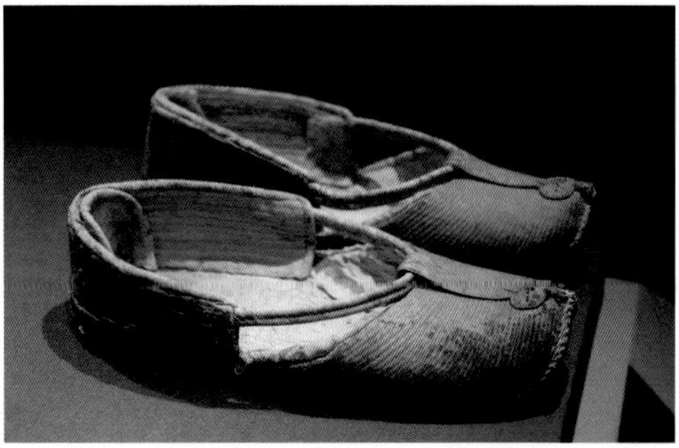

图41-1　蓝色如意鞋（丝与棉）
唐，1968年新疆维吾尔自治区吐鲁番市阿斯塔那古墓群104号墓出土

图41-2　蒲草鞋
唐，1964年新疆维吾尔自治区吐鲁番市阿斯塔那古墓群29号墓出土

图41-3　麻鞋
唐，1964年新疆维吾尔自治区吐鲁番市阿斯塔那古墓群37号墓出土

不使用或很少使用“鞋”字。隋唐开始，“鞋”字的使用频率才逐渐提高。到了明代，“鞋”字才取代“履”字，成为一切鞋履的统称，并沿用至今。

42. 古代的鞋头都有哪些样式?

鞋子款式的最大区别和特色，可以说都体现在鞋头上，从古至今皆如此。中国古代的鞋履，在鞋头上的变化非常繁多。首先，鞋头有方头和圆头两大类。这方圆两种款式都出现于先秦时期。方头履又称为平头履，最早是天子、诸侯等地位高的人穿用，“天子黑方履，诸侯素方履”（汉·贾谊《贾子》）。再低一等的大夫，就得穿“素圆履”了。随着时代的变迁，方头履不再是贵族等级的象征，普通身份的男女都可穿用；圆头履在东汉时期转为女性专用，男子穿方头，女子穿圆头，因圆头代表着柔顺和服从，后来这种男女界限也逐渐消失了。还有一种鞋头叫作“歧头”，“歧”是分叉的意思。这种歧头

图42-1　方头履
秦·跪射俑，1974年陕西西安临潼区秦始皇陵出土

图42-2　圆头履
东汉晚期·望都县1号汉墓壁画——寺门卒，1952年河北望都县所药村1号汉墓出土，原址保存

图42-3　云头锦鞋出土实物
唐·宝相花锦履，1968年新疆维吾尔自治区吐鲁番市阿斯塔那古墓群381号唐墓出土，新疆维吾尔自治区博物馆藏

履，前面有两个分开的叉角，故此得名，又名“分梢履”。妇女穿的鞋，鞋头花样更多。自唐代开始，女子流行穿高头履，鞋头高高翘起，并做成各种新奇美观的造型。根据造型的特点，高头履中又有笏头履、云头履、丛头履、凤头履、雀头履、小头履等样式。有一些样式随着时代发展也可男女通穿。高头履适合搭配古人穿的长裙和长袍，由于裙子和袍子的下摆长可及地，高头履的鞋头将下摆的前面挑起，在行走时更为方便。所以，古代鞋头的款式变迁，是实用和美观的结合，同时又有丰富的时代和文化含义。

图42-4　歧头履（宫女脚穿）
初唐·《历代帝王图》（局部），阎立本作（传），美国波士顿博物馆藏

图42-5　高头履
南朝·贵妇出游画像砖，1958年河南邓县学庄出土，河南博物院藏

43. 中国古人穿皮鞋、皮靴子吗?

我们一般认为中国古代的鞋履以布帛、丝绸、锦缎做的为多，皮鞋是近代才由西方传来的，但其实中国很早就有皮革制作的鞋了。在湖南长沙战国楚墓中，便出土过中国古代的皮鞋实物。古代称皮鞋为“鞮”。皮鞋的加工和用材也有不同。一类是用未经鞣制的生皮，也就是革制作，叫作“革鞮”；另一类是用熟皮制作的，叫“韦鞮”。革鞮粗糙但坚固，是平民老百姓穿用的；韦鞮加工细致、质地柔软，是贵族专用的。这两种皮鞋都是低腰浅帮的款式。我们现在流行的很酷的高筒皮靴，古代有没有呢？也是有的！古代的这种高筒皮靴叫作“络鞮”。络鞮源于北方游牧民族“胡人”，其靴筒可以把整个小腿包住，所以说“胡人履连胫，谓之络鞮”（东汉·许慎《说文

图43-1　穿乌皮靴的官吏
唐·《仪卫图》，1971年陕西咸阳乾县乾陵杨家洼村章怀太子墓出土，
陕西历史博物馆藏

图43-2　提秤穿络鞮的胡人
北魏·《尸毗王本生故事图》（局部），莫高窟第254窟，主室北壁

解字》）。在新疆的楼兰罗布泊孔雀河古墓中，就出土过穿着络鞮实物的女尸。在敦煌莫高窟第254窟的《尸毗王本生故事图》中，有一个头戴尖顶毡帽、脚穿络鞮的胡人形象。战国时期，赵武灵王改革汉族服饰，引进“胡服骑射”，将络鞮在汉人中普及开来，汉人将其称为“靴”。到了隋唐时期，靴子已经成为官员的常服。高筒靴子逐渐变成短筒靴子，通常是黑色的“乌皮靴”，这种黑色“朝靴”一直沿用到后世。

44. 古人为什么喜欢绣花鞋?

中国古代的鞋子用材，以丝织物最为常见。在丝织物制的鞋子上加以装饰，自然是运用刺绣工艺为最佳。所以，绣花鞋成为古代鞋子中最为常见也是最精美的一个品类，并且历代延续，长盛不衰，直到今天也被人们所喜爱。在唐诗宋词里，也颇有吟咏绣鞋的佳句："北苑罗裙带，尘衢锦绣鞋。醉眠芳树下，半被落花埋"（唐·卢纶《春词》），"花下相逢，忙走怕人猜。遗下弓弓小绣鞋"（宋·欧阳修《南乡子》）。这些描写绣鞋的诗句，多少透着一些"香艳"的味道，诗中写的绣鞋，传达的意象其实是穿绣鞋的美女。绣鞋的确多为女性穿用，大户人家的女子穿绣鞋是很寻常的。鞋子主要绣花的部位是鞋面、鞋帮，一般以花卉、禽鸟、蝴蝶图案为常见。但有时富贵之家的男子也穿绣鞋，如《红楼梦》中，曾写到探春为宝玉绣过鞋子。宝玉穿着三妹妹送的绣鞋被父亲贾政看到，贾政心里老大地"不受用"，说："虚耗人力，作践绫罗，作这样的东西。"宝玉只好谎

图44-1　女子绣花鞋实物
大理沙冲白族绣花鞋，云南省博物馆藏

称是过生日时舅母给的，才堪堪逃过责罚。可见，古代男子穿绣鞋会给人以奢侈、轻浮的负面印象。小孩子穿的绣花鞋往往绣以兽头为装饰，其中虎头鞋最多。用老虎具备的威猛雄健特性起到保佑孩子健康成长、辟邪吉祥的祈福作用。直到今天，孩子满周岁时要穿一双长辈亲手制作或购买的虎头鞋，还是中国很多地方的风俗习惯。

图44-2　儿童虎头鞋实物
清，浙江省博物馆藏

45. 古代有“增高鞋”吗?

我们在京剧舞台上，可以看到有些行当的演员，表演时穿着一种厚底靴子，叫作“官靴”。这个官靴的底足有好几寸高。为何京剧演员要穿这样的“增高鞋”呢？这实际上是为了塑造艺术形象的需要。特别是武生、花脸这样的行当，尤其是在戏里又是主角儿的，如果要在舞台上塑造出威风凛凛、气派堂堂的艺术人物形象，就得在服饰上做些文章。首先要用“增高鞋”让演员的身高挺拔起来，如果演员自身比较矮，靴底还会比通常的标准再增高一两厘米呢。在我们今天的

图45 厚底官靴剧照
京剧，《八大锤·断臂说书》

日常生活中，也有人不满意自己的身高，于是就有制鞋厂商专门开发了增高鞋，也是同样的道理。那么古代除了在表演舞台上有厚底鞋，人们生活中穿不穿厚底鞋呢？中国古代的正式场合中，人们一般是穿厚底鞋的，居家的便鞋则是薄鞋底。士大夫“皆尚褒衣博带，大冠高履”（北齐·颜之推《颜氏家训·涉务》），可见至少在南北朝，这种“厚底增高鞋”就开始为贵族士大夫增加气派了。到了明清时期，普通百姓男子也爱穿的厚底“京鞋”则更多是为满足实用功能，厚底鞋可以更好地抵御寒冷，不怕趟风冒雪，鞋底也更耐磨损。

46. 古代女子穿高跟鞋吗?

今天的时尚女性爱穿各式各样的高跟鞋。穿上高跟鞋之后，身材更显窈窕，走起路来也更婀娜多姿。虽然从医学角度上来说，高跟鞋有可能影响到健康，但也阻挡不住人们“爱美之心，跟皆高之”。那么，古代的女子也穿高跟鞋吗？是的，爱美之心，古今同之！明清时期，女子穿高跟（底）鞋就非常流行了。在《金瓶梅》的第二回中便描写过潘金莲的装束：“（西门庆）被叉竿打在头上，便立住了脚，待要发作时，回过脸来看，却不想是个美貌妖娆的妇人……往下看尖翘翘金莲小脚，云头巧缉山鸦。鞋儿白绫高底，步香尘偏衬登踏。人见了魂飞魄丧，卖弄杀俏冤家。”这里特别写到潘金莲穿着一双“白绫高底”云头鞋，这样式的高底鞋，其实是整个底子垫高，类似于我们今天的“松糕鞋”。还有另一种“三寸金莲”绣花鞋，是单把后跟垫高，前低后高，叫作“高跟笋履”，这种鞋的样式就非常接近我们今天的“坡跟鞋”了。以上说的都是汉族缠足妇女穿的时尚鞋子，清代时满族妇女则有一种不一样的高跟鞋，叫作“花盆底”鞋。满族妇女不缠足，鞋子用木头做鞋底，在鞋底中间加上高底，鞋头和鞋后跟处都是悬空的。这种高底，有的上面大下面小，横截面是圆的，以形命名为“花盆底”；还有的高底横截面像马蹄，是以叫作“马蹄底”。有的高底相当高，四五寸（15厘米左右）的乃至七八寸（25厘米左右）高的都有。“粉底花鞋高八寸，门前来往走如飞。”（清·杨米人《都门竹枝词》）古代的时尚女子，真比今天在红毯上走“猫步”的模特还酷！

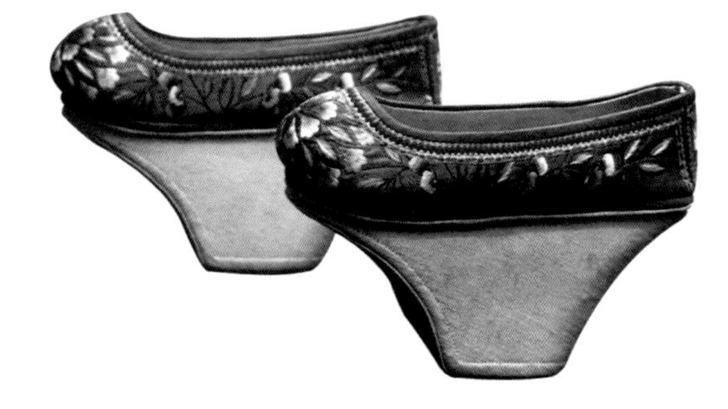

图46　高底鞋
清·红缎绣花高底鞋

47. “足下”这个称呼与一种什么鞋有关?

“足下”这个词儿，是古代对他人的一种敬称，就如同我们今天说“您”。现如今有一些特别正式的场合，或者是喜欢文绉绉说话的人，还会用到这个敬称。但是，为何尊称他人要叫“足下”呢？足下不是鞋吗？在汉乐府诗《孔雀东南飞》中，就有这样一句：“足下蹑丝履，头上玳瑁光。”说起这个词儿的渊源，还真的与一种鞋有关。相传春秋时期，晋国的晋献公昏聩残暴，他的儿子重耳被迫流亡在外。跟随重耳的有一位忠臣叫作介子推，在流亡途中，君臣饥寒交迫之时，他曾割下自己大腿上的肉，为重耳做一碗肉汤吃。后来重耳终于即位，做了晋国的君主，就是著名的晋文公。晋文公非常感念介子推的忠心耿耿，要封他做大官，继续辅佐

图47　漆木屐

三国，1984年安徽马鞍山朱然墓出土，马鞍山市博物馆藏

自己，但是介子推却采取了避世的态度，带着老母躲进绵山。晋文公派去请介子推出山的人放火烧山，以为这样就可以逼他就范。可介子推宁死也不肯出来，与母亲均活活烧死在山中，尸体被发现在一棵柳树下。晋文公悔恨不已，让人砍下那株柳树未烧掉的部分，做成了一双木屐，自己穿在脚上，每当忆念介子推的时候，就会抚摸着木屐，慨叹道："悲乎！足下！"虽然这个传说未必是证据确凿的，但"足下"这个词儿和"木屐"这种鞋子，倒是的的确确都是在春秋战国时期出现并使用的。中国传统服饰中有太多文化历史内涵，也是毋庸置疑的。

48. 古人有"登山鞋"吗?

今天热爱户外运动的人不在少数。要去登山跋涉，必须得买一双好品牌的登山鞋。古人也喜爱户外运动，常常纵情于山水之间。那么，古人有"登山鞋"吗？唐代大诗人李白可以说是一个不折不扣的户外运动爱好者，在他的诗歌里，便记录了不少他"打卡"登临名山的经历。如"脚著谢公屐，身登青云梯"（《梦游天姥吟留别》），李白清楚地写出了他登山时

图48-1　木屐
东晋至南朝时期，南京集庆路颜料坊出土，南京市博物馆藏

穿的“名牌”登山鞋——谢公屐。这双“谢公屐”是东晋时期的著名诗人谢灵运“代言”的，他也是这双登山鞋的设计发明者。中国古代的木屐底部都有屐齿，其功能是在坑洼不平的或泥泞的路上行走更为方便。所谓“应怜屐齿印苍苔”（宋·叶绍翁《游园不值》），走在苔滑之处，木屐齿就能起到防滑作用。谢灵运发明的登山鞋，对屐齿进行了技术化革新改造，将前后双齿做成了活的，可以拆卸。上山时只用后齿，下山时只用前齿，故“寻山陟岭，必造幽峻，岩嶂千重，莫不备尽。登蹑常著木履，上山则去前齿，下山则去后齿”（南朝梁·沈约《宋书·谢灵运传》），果然巧妙！山水诗人谢灵运能够诗名流传千古，其实也得益于这双高级登山鞋“谢公屐”呀！

图48-2　古代木屐
明·《临李公麟画苏轼像轴》
朱之蕃作，北京故宫博物院藏

49. 古人有雨鞋吗?

我们在下雨天的时候穿上雨鞋，行路时就不怕湿滑泥泞，即便雨大了，涉水也无碍。古代人也有这样的雨鞋吗？种种记载表明，我们前文介绍的木屐，在古代也兼有雨鞋的功用。宋代大诗人陆游写过一首很有意思的“买雨鞋”诗：“一雨三日泥，泥干雨还作。出门每有碍，使我惨不乐。百钱买木屐，日日绕村行。东阡与北陌，不间阴与晴。”（《买屐》）这首诗平实如白话，写得一清二楚，宋代人下雨天是离不开“木屐”的，也正是在宋代，木屐的功能被明确定位为雨鞋。明清时期亦如此，在《红楼梦》中，写了宝玉穿的一套高级雨衣雨鞋：“（宝玉）束了腰，披了玉针蓑，戴上金藤笠，登上沙棠屐。”宝玉的这三样雨具均不是普通市卖货，是北静王送的，质地非常高级。其中的沙棠屐，便是棠木做的木屐。棠木质地细密坚韧，常用来做舟船。“安得沙棠，制为龙舟，泛彼沧海，眇然遐游。”（晋·郭璞《沙棠》）说明这种木材有一定的防水作用，用作雨鞋，自然是上佳之选。

图49　宝玉披上玉针蓑，戴上金藤笠，登上沙棠屐——琉璃世界白雪红梅
清·孙温绘《红楼梦》（局部），旅顺博物馆藏

50. 古人穿拖鞋吗？

我们今天在居家之时，会换上又方便又舒适的拖鞋。古代人有拖鞋吗？拖鞋与其他的鞋最大的一个区别便是只有“前脸儿”而没有“后帮儿”，穿上后用脚拖着走。如果按这个特征来说的话，古代人很早就也穿拖鞋了，这种鞋叫作“蹝履”，又叫作“躧履”。“蹝”和“躧”字做动词用的时候都有“踩、踏、趿拉着”的意思，做名词用的时候则直接有“草鞋”之意。如“蹝履起而彷徨”（汉·司马相如《长门赋》）指的就是趿拉着鞋。“舜视弃天下，犹弃敝蹝也”（战国《孟子·尽心上》），“敝蹝”就是破草鞋的意思，由此可大胆揣测，古代便有这种无后帮和跟儿的拖鞋，而且起初拖鞋可能大多是用草编的。后来古人给拖鞋起名叫“靸鞋”，“靸”这个字儿是革字旁，说明它是用皮革做的。后来“靸鞋”逐渐变成这种样式的鞋的通用名，什么材质的都有，有用蒲草做的，也有用丝帛做的。唐代人称靸鞋为“跣子”，“跣”是赤足、光着脚的意思，看来唐代人穿拖鞋时常常是不穿袜子的。而且唐代人也喜爱光脚穿我们今天流行的“人字拖”，唐代的“人字拖”是一种木屐，即我们现在俗称的“趿拉板儿”。李白曾有诗云：“一双金齿屐，两足白如霜”（《浣纱石上女》），“屐上足如霜，不着鸦头袜”（《越女词》）。这里顺便介绍一下“鸦头袜”，这种袜子特意缝成大脚趾与其他四个脚趾分开的样式，是专门为穿“人字拖”配套的，因形状像“丫”字，所以其实应该写成“丫头袜”。至于我们今天使用的“拖鞋”一词，是在明清时候出现的，并且特别明确地解释和界定了拖鞋：“拖，曳也。拖鞋，鞋之无后跟者也。任意曳之，取其轻便也。”（清·徐珂《清稗类钞·服饰》）

图50　宋代人字拖
南宋·《罗汉图》刘松年作，台北故宫博物院藏

51. 古代的旅游鞋什么样?

在历史教材中我们常会看到一幅通常被传为“玄奘法师”的画像，画中描绘了一位身背行囊、辛苦跋涉的僧人，这幅画真实地反映了中国唐代“行脚僧”的装束。千里之行始于足下，四方云游长途行路的僧人，脚上穿的是怎样的一双鞋呢？我们可以看到，画中僧人穿的鞋，乍一看有点像我们今天穿的凉鞋，脚趾和大部分脚面都是暴露的。此鞋的底子、面子均是用绳索编织而成的，这种鞋在古代叫作“屩”。屩一般用草、麻、葛、棕等材质做成细绳，再编织为鞋，由于非常轻便牢固，所以适合旅行时穿着。历代都有对这种“旅游鞋”的记载或文学描写。如宋代苏东坡词：“竹杖芒鞋轻胜马”（《定风波》），这里的“芒鞋”，也就是芒草编的“屩”。《水浒传》中写刺配的好汉们，在路途中也都穿着这种草鞋。《西游记》里写高老庄上高员外派了仆人出门，远道请法师来镇压猪八戒的那一章回，描写了仆人“脚踏着一双三耳草鞋”。鞋上的耳，其实就是穿绳的绳襻子，有点像我们今天旅游鞋上穿鞋带的眼儿，有几个就叫几耳。又有一些明清小说中多处提到一种“八搭麻鞋”，“八搭鞋”被认为是鞋襻比较多、鞋上的绳索交叉穿过呈“八”字形的样式，那就更像我们今天的系带旅游鞋了。

图51　三藏法师像
宋·《玄奘三藏像》，东京国立博物馆藏

52. 古人怎么穿袜子?

我们一年四季，除了最炎热的夏天光脚穿鞋之外，大部分季节都穿袜子。中国古代是什么时候发明了袜子这种东西呢？在中国古代典籍里，最早表示袜子的字写作“韤”，也是革字旁的，可由此推断最早的袜子是用皮革做的。到了汉代这个字就变成了“襪”，说明开始改用布帛制作袜子。而且，中国古代将穿在脚上的袜子不写作“袜”，而是写成“襪”。“袜”这个字儿却指的是上身穿的内衣，在前文

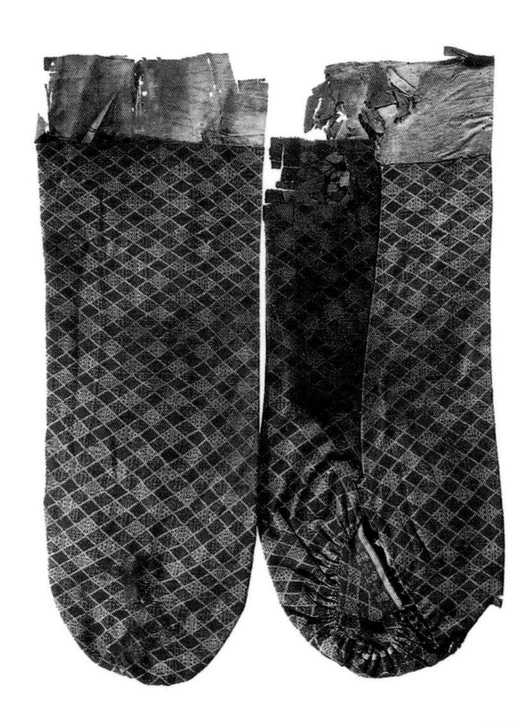

图52-1　东汉锦袜
东汉·菱纹“阳”字锦袜，1959年新疆维吾尔自治区和田地区民丰县尼雅遗址1号墓出土，新疆维吾尔自治区博物馆藏

图52-2　唐代锦袜
唐，日本正仓院南仓藏

我们已经介绍过了。汉代时袜子已经不仅有文献记载，还有出土的实物。长沙马王堆汉墓便有西汉的绢制女袜出土。新疆维吾尔自治区和田地区民丰县的东汉墓中更是出土了一双精美的红地织金锦的高腰锦袜，制作非常考究。新疆维吾尔自治区吐鲁番市阿斯塔那古墓群也出土了华丽的唐代锦袜，是用典型唐代风格的花鸟纹锦制成的。锦缎袜子虽美，但论及柔软舒适，还数绫罗袜子，所以诗文歌咏中多出现“罗襪”的称谓。罗襪一般都是贵族妇女穿着，平民百姓和男子穿的多还是朴素的苎麻布袜子。这些袜子的材质都不像我们今天穿的现代针织袜子一般有弹性、可以贴合脚面、袜筒也不会滑落，所以古人穿的布袜子要在袜口处装上布带，用袜带来把袜子系牢。在千古词帝南唐后主李煜的词中，写了“刬袜步香阶，手提金缕鞋”（《菩萨蛮·花明月暗笼轻雾》）的香艳句子；才女词人李清照也描写过“见客入来，袜刬金钗溜。和羞走，倚门回首，却把青梅嗅”（《点绛唇·蹴罢秋千》）的娇痴小女子情态。所以，古时候的袜子应是重要的服饰，特别是女子的袜子，也是一种女性美的象征物呢。

面料何所精？

——中国古代服饰所用的面料之问

53. 麻布面料为什么流行了几千年？

图53-1　唐代麻布
唐，1973年新疆维吾尔自治区吐鲁番市阿斯塔那古墓群19号墓出土，新疆维吾尔自治区博物馆藏

中国人将“麻”这种植物的纤维制作织物面料用于服饰的历史非常悠久。《诗经》中便有“丘中有麻，彼留子嗟”的咏叹，土丘上的大麻地，能够成为当时的民间诗歌“起兴”的意象，说明麻作物的种植在先秦时已经非常普及了。古代人的日用无不取之于自然，服饰面料的材质也是自然界的动植物提供给人类的。在原始社会时期，人类最早从自然界发现的可御寒的“衣服”可能是从猎获的野兽身上剥下来的兽皮，但随着智慧的提高，人类学会了用更“安全方便”的方法制作衣服——采用植物纤维。中国古人发现并利用的第一种植物就是麻。“伯余（黄帝）之初作衣也，緂麻索缕，手经指挂，其成犹网

罗，后世为之机杼胜复，以便其用。”（西汉·刘安《淮南子》）

麻属植物中，纤维可用作织物的有大麻、黄麻、苎麻、亚麻等，其中最主要的是有着“中国草”之称的苎麻。麻纤维具有柔韧的特性，便于加工，织成的面料透气耐磨。后来虽然有更加精美细腻并闻名世界的丝织物出现了，但麻织物在历朝历代，甚至直到今天，依然是服饰面料中非常重要的品类。古诗中描写的“开轩面场圃，把酒话桑麻”（唐·孟浩然《过故人庄》）的田园风光，显现了植麻和麻织面料在中国古代的重要地位。

图53-2　唐代曝布彩绘半臂
唐，日本正仓院藏

图54-1　汉锦出土实物
东汉·“望四海富贵寿为国庆”锦，1980年新疆维吾尔自治区若羌县楼兰古墓出土，新疆维吾尔自治区博物馆藏

54. 丝绸为什么是“最中国”的服装面料？

以蚕丝为原料的纺织品起源于中国。根据中国上古神话传说，最早发明养蚕缫丝技艺的是轩辕黄帝的妃子西陵氏，即我们熟知的“嫘祖娘娘”。她偶然发现野生的蚕能够吐丝结茧，而蚕茧中可以抽出缕缕蚕丝，用这些丝织成的丝绸光滑柔软，胜过其他材料。于是嫘祖将养蚕缫丝的方法传授给人们，被后人供奉为蚕神。虽然嫘祖的故事只是传说，但也从一个侧面让我们了解到养蚕缫丝和丝织工艺，实际上是中国古代劳动人民在生活、劳动和与自然界和谐共生中的智慧创造。考古发现证明，在原始社会新石器时代，中国已发明了丝织技术。殷商时期开始人工栽培桑树，扩大养蚕规模；商代的甲骨文中出现了蚕、桑、丝、帛等文字，还有涉及丝织工艺的文字，如丝、纺、

图55-2　朵花纹蓝地蜡缬绢（棉布）
唐，新疆维吾尔自治区和田地区民丰县尼雅遗址东汉墓出土，中国丝绸博物馆藏

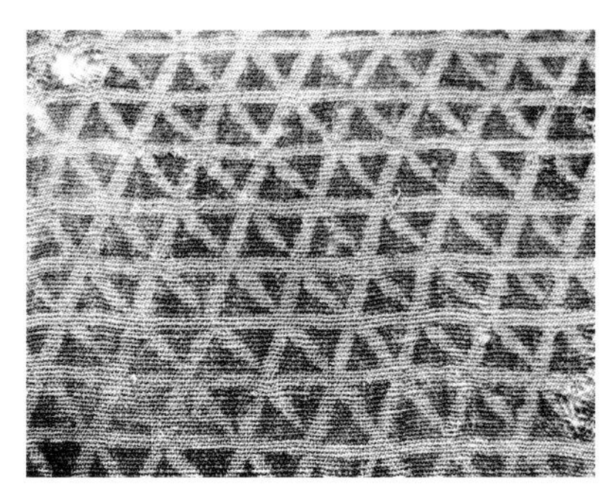

图55-3　蓝地印花棉布
汉，新疆维吾尔自治区和田地区民丰县尼雅遗址出土

南，本扶南之属国也。……常服白叠。”高昌在西北地区是今天新疆一带，而真腊国所在地是今天柬埔寨境内。这两段古籍记载中提到的“白叠”，都是指棉花或棉布。由此可见，自南北朝到隋代，棉织物还是人们眼中异族所用的奇物。唐代时，“京师城里卖白衫、白叠行邻比廛间”（北宋·方勺《泊宅编》）。唐代的棉纺织物仍然是珍贵织物，一般专供贵族使用，或作为向朝廷进贡的贡品，以及赠送外族友邦邻国的贵重礼物。棉花在中原地区的广泛种植和利用是在宋、元以后，宋、元以后植棉、纺棉的技术不断提高和推广，使棉布成为中国百姓使用最广泛的物美价廉的面料。

56. 古代人穿皮草吗?

动物的毛皮曾经被用来做人类最早的衣服。“皮草”衣服在今天也有人穿着，且价值不菲。其实，中国古代也有“皮草”，被称为“裘”。甲骨文中就有这个字，象形地表现出毛在外面蓬蓬松松的样子。《说文解字》解释“裘”为：“裘之制毛在外。”这说明“裘”在穿的时候，毛是露在外面的。我们今天有一个成语叫“皮之不存，毛将焉附”，其典故是魏文侯有一次出游，看见路人反着穿裘，把毛穿在里头，说是因为爱惜衣服怕把毛损坏了。于是魏文侯说：“尔不知皮尽而毛无所附耶？”（汉·刘向《左传新序杂事》）这个人之所以不舍得穿，是因为做“裘”的毛皮在古代十分贵重，其中最高级的是狐裘。“君子至止，锦衣狐裘。”（《诗经·国风·秦风·终南》）即便是贵族，也要用一领锦衣罩在狐裘之外，保护珍贵的狐狸

图56　裘皮衣
北齐·徐显秀披的裘皮衣，2000年山西太原王家峰村徐显秀墓出土，原址保存

毛。除此之外，还有虎、狼、犬、羊等各种动物皮毛做的裘。苏东坡《江城子·密州出猎》所写“老夫聊发少年狂，左牵黄，右擎苍，锦帽貂裘，千骑卷平冈”，其中的“貂裘”就是帅气的“貂皮大衣”。随着社会的进步，我们今天为了保护野生动物，已经不提倡将穿“皮草”衣服作为富贵的象征和时尚流行了。

57. 绫、罗、绸、缎有什么区别?

通常我们形容一个人生活富足，吃得好穿得好，便会说“吃的是山珍海味，穿的是绫罗绸缎”。由此可以看出，绫罗绸缎在古代是非常高级的服装面料。绫、罗、绸、缎均是丝织物，但织造工艺不尽相同，面料的质感和艺术效果也有差别。绫是一种平纹或斜纹起暗花的织物。在唐代的时候，绫的织造技术非常高超，花纹也非常优美。著名的诗人白居易有一首名为《缭绫》的诗，生动全面地描写了这种

图57-1　唐代绫织物
唐·树下凤凰双羊纹白绫，日本正仓院北仓藏

图57-2　出土花罗文物

南宋·黄褐色牡丹纹罗左右中缝开衩裤，1975年福建福州晋安区新店镇浮村浮仓山黄升墓出土，福建博物院藏

精美而高级的织物："应似天台山上明月前，四十五尺瀑布泉。中有文章又奇绝，地铺白烟花簇雪。"这写出了使用缭绫的本色丝织出地子上的图案之美。唐代的绫，是非常珍贵的织物，用来作为皇家的贡品，所以"去年中使宣口敕，天上取样人间织"。织就的面料价值不菲："昭阳舞人恩正深，春衣一对直千金。"日本正仓院收藏有不少中国唐代的绫织物。

罗是经纬线交织形成的孔眼疏朗的丝织物，适合炎热的夏季穿着，轻薄飘逸的丝罗是宋代特别流行的丝织物。宋代的罗纹组织变化多样，能够织出平纹花和斜纹花，纹样的造型和构图方式更是千变万化，有叶中套花、花中套花等造型，有穿枝、缠枝、散点排列等多种形式。这些写实生动的纹样织制在轻薄如云的织物上，色调清淡柔和，若隐若现，呈现出自然清新、绝世超尘的韵味。

"绸"和"缎"经常连在一起作"绸缎"一词使用。但两者其实是不同的织物，绸是运用基本经纬组织织成的平纹丝织物，质地比较紧致细密，有无花的素绸和提花的花绸之分；而缎则是经线方向上或纬线方向上有一种隔几根交织一次，纤维形成浮在织物表面上的"浮长"，织物具有特殊的光滑质感和光泽。绫、罗、绸、缎的区别，体现了中国古代丝织物工艺技术的多样与丰富。

58. 古代怎么织衣服面料?

“唧唧复唧唧，木兰当户织。不闻机杼声，惟闻女叹息。”这是北朝民歌《木兰辞》开篇描写的一幅古代女子织布的图景。中国古代“男耕女织”是农业社会最主要的生产方式。耕种提供人们吃的粮食，而织布提供人们穿的衣服。上溯至原始社会，人类逐渐学会了采集野生的葛、麻，将它们和猎获的鸟兽的毛羽，运用最简单的撮、绩、编、织等手工技艺织成粗陋的织物，制成蔽体之衣。编织工艺可以说是纺织的前身，多种多样的织布机是汉代时发明的，并被当时盛行的画像石艺术真实而生动地记录了下来。在山东、江苏、安徽、四川等地的汉墓中，都出土了以纺织为题材的画像砖石，画面上均有织

图58-1　织布场面
东汉晚期·画像石织机，1975年四川成都金牛区洞槽村曾家包汉墓出土，成都博物馆藏

图58-2　纺车和织布机
南宋·《蚕织图卷》（局部），梁楷作，黑龙江省博物馆藏

机的图像。运用纤维经纬交织的方式织成布料，首先要把自然界提供的动植物纤维纺成织布用的原料纱线。从原始的陶纺轮到后来的手摇纺车，纺线的技术不断改进，提高了纱线的产量和质量。织机也从原始的腰机，发展为踏板织机、提花织机，织造不同的织物还有更细的分类，所以纺织是与民生息息相关的生产劳动，也是中国古代人民创造力和艺术性的综合体现。

59. 古代怎么染做衣服的布？

印染是中国古代对织物进行装饰的重要手段之一。中国古代劳动人民在长期的生产实践中，学会了利用矿物、植物提取多种染料，并掌握了对纺织品进行染色的工艺技术，生产出五彩缤纷的纺织品。早在旧石器时代晚期，北京周口店山顶洞人就知道用矿物研成粉末制作染色用的颜料，考古学家曾在周口店遗址中发现红色矿物颜料（赤铁矿粉末）。早在新石器时代，我们的祖先已经能够用赤铁矿粉末将麻布染成红色。中国古代一开始是使用天然矿物染料，后来慢慢转变为运用植物染料。周代开始使用茜草染红色，春秋战国时已能用蓝草染青色，如“青取之于蓝而青于蓝”（荀况《荀子·劝学》）。《诗经》中也提到多种织物颜色，如“青青子衿”（《子衿》），“载玄载黄”（《七月》）等。中国古代织物的染色技术分线染（织造前先染线）和匹染（将织好的成匹布料染色）两类，印染方法分平染（染成一种颜色）和花染（使用某种方法使丝线、纱线或布帛的局部防染留出花纹）两种。汉代至南北朝时期，又先后出现了蜡染（蜡缬）、扎染（绞缬）和夹缬这三种具有民族特色的印染工艺。唐代的印染业相当发达，蜡染、扎染和夹缬的数量与

图59-1　蜡缬面料织物
唐·缥臈缬屏风，日本正仓院南仓藏

质量都有所提高，出现了大量优秀的产品。此外还出现了一些新的印染工艺，如碱剂印花，是用碱作为拔染剂在织物上印花，着碱处变成白色以显花。宋代的镂空版防染印花法染出的纺织品称为“药斑布”，其图案色彩“青白成文”，即后来明清民间流行的蓝印花布。中国古代的印染织物不仅是日常的生活用品，也是富有民族风格的装饰艺术品。

图59-2　山东民间蓝印花布面料织物

60. 古代最轻的衣服是什么样的?

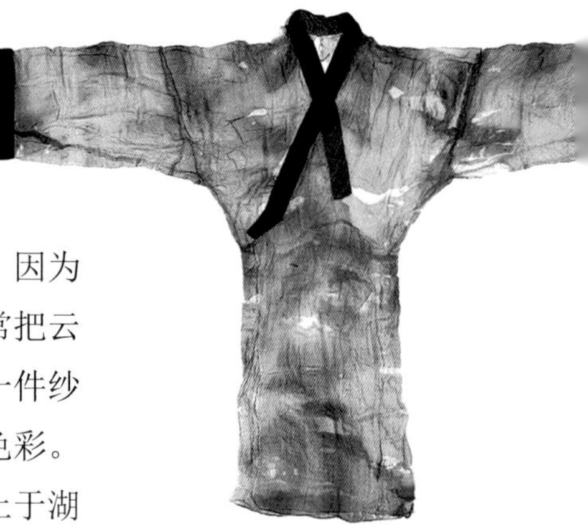

图60　素纱禅衣实物
西汉·素纱禅衣，湖南长沙马王堆1号墓出土，湖南省博物馆藏

若问各式各样的纺织面料中哪种最轻最薄，那莫过于“纱”这种织物了。我们往往把纱叫作“轻纱”，就说明了它的特性。纱是一种单经单纬织成的平纹织物，因为密度稀疏，所以质地轻柔。古人经常把云雾比喻为轻纱，而中国古代最轻的一件纱衣，正如同云雾般，充满了神秘的色彩。这件有可能是史上最轻的衣服，出土于湖南长沙马王堆西汉墓，是当时的长沙国丞相轪侯利苍的妻子辛追生前拥有的一件衣服，衣服的名字叫作“素纱禅衣”。所谓“禅衣”，就是没有衬里的单层衣物。这件衣服为右衽直裾，领子、袖口和衣襟有深色的缘边。衣身是未经染色的丝织物，所以叫素纱。衣长128厘米，袖长190厘米。制作这样一件衣服，用料大约需2.6平方米，但其重量只有49克，还不到一两（50克）！古代如此高超的纺织技术实在让今人惊叹不已。这薄如蝉翼的轻纱衣，在汉代时也是珍稀的“高端定制”，为少数贵族妇女所穿用。将纱衣穿在华丽厚重的织锦袍服之外，可以形成一种质地间的对比效果，起到增加服装视觉层次的作用，有“雾里看花”之美感。古人的服饰面料搭配也真是颇具艺术匠心！

61. 古代有用金子织成的面料吗?

古往今来，黄金都是财富的象征。如果用黄金织成面料做衣服穿，那是何等的奢侈！在中国元代，便流行这样的“土豪金”面料，那就是织金锦。织金锦本为波斯特产，元代蒙文中称其为“纳石失”，是波斯语“Nasich”的音译，指以金缕或金箔切成的金丝作纬线织制的锦。元代蒙古军队在西征时从中亚掳来许多穆斯林工匠，这些西域工匠与中原汉族匠人共同为元朝统治者服务，在各种手工艺行业中劳作，生产了许多具有异域文化风格的工艺美术品，丝织工艺也体现出这种异域文化特征。由于俘虏来的工匠中有不少人是织造织金锦的高手，因此元代织金锦有了空前的发展。

图61-1　黄地宝相花织金锦抹胸
元·“纳石失”织金锦，1972年甘肃定西漳县徐家坪汪世显家族墓地出土，甘肃省博物馆藏

图61-2　靛青菱纹双蔓大牡丹唐草纹金地织金锦
明·“纳石失”织金锦，东京国立博物馆藏

织金锦的艺术特色在于色彩效果的金碧辉煌，用金线作为纬线，花纹部分显示为金色，非常华丽夺目。织金锦的用金方法有两种：部分加金和全部加金。制作金线有片金和捻金两种技术。片金是先将黄金打成金箔，用纸或动物皮作背衬，再切割成细如丝线的金丝，用作织锦中的纬线；捻金则是将片金缠绕在一根芯线之外即成圆形立体的金线。《马可波罗游记》记载当时南京、镇江、苏州等城市曾大量生产织金锦。《大元圣政国朝典章》所载的丝织物中，有织金胸背麒麟、织金白泽、织金狮子、织金虎、织金豹等金锦名称。元代的蒙古贵族不仅用华丽的织金锦制作服装，就连日常生活中的帷幕、被褥、椅垫，甚至连军营所用的帐篷也用昂贵的织金锦制成，可见其奢华到了极点。

图案何所意？

——中国古代服饰的装饰图案寓意之问

62. 汉锦上的文字是什么寓意？

我们今天穿的衣服上，有时候会用文字作为图案装饰，比如T恤衫、文化衫上印着俏皮调侃的文字，或者是用具有中国特色的书法字体作为面料纹样，体现“国潮”。数字、英文字母出现在衣服上也屡见不鲜。早在遥远的汉代，中国古人也喜欢把文字设计在服装面料图案之中，这就是汉代的“文字纹锦”。汉锦是一种经锦，也就是运用竖向的经线形成花纹。汉锦图案造型概括简练，风格大气雄浑，色彩庄重沉着。目前出土的汉锦文物多来自新疆地区的汉代墓葬，如新疆维吾尔自治区和田地区民丰县尼雅遗址出土的“长乐明光锦”，以绵延起伏的如云气又如山峦的波浪状纹样为构图骨架，其间穿插分布着动态矫健的龙、虎、翼马、独角兽等动物造型，最为别致和突出的是，在图案空隙处，还组合入“长乐明光”的字样。“长乐明光”是一句吉祥的祝词，寓意生活的长久欢乐、未来的无限光明。与之在整体构图和创意方面相类似的还有“万年宜寿锦”“万世如意锦”“延年益寿大宜子孙锦”“登高明望四海锦”“望四海贵富寿为国庆锦”“永昌锦”等，文字的寓意均传达出汉代人追求吉祥美好的愿望，也表现了一种宽广雄壮的情怀。在这类文字纹锦中，最具有神秘感和传奇色彩的是“五星出东方利中国锦”。这件织物也出土于尼雅遗址，它是一块织锦的护膊，绑在尸体的右臂上，图案照例还是以云气和瑞兽为主题，其间夹杂着“五星出东方利中国”八个汉字。这八字出自西汉史学家司马迁的《史记·天官书》：“五星分天之中，积于东方，中国利；积于西方，外国用（兵）者利。五星皆从辰星而聚于一舍，其所舍之国可以法致天下。”当时的汉王朝通过天象吉兆，祈福政治上的兴盛和军事上的胜利。今天的我们看到这织锦上的几个字，其寓意依然动人心魄，激情壮怀油然而生。

图62-1 “长乐明光锦”裤
汉，新疆维吾尔自治区和田地区民丰县尼雅遗址出土，新疆维吾尔自治区博物馆藏

图62-2 五星出东方利中国锦
汉，1995年新疆维吾尔自治区和田地区民丰县尼雅遗址出土，新疆维吾尔自治区博物馆藏

63. 宝相花纹锦上的“宝相花”是什么寓意?

隋唐时期，织物面料上特别流行的一种花纹叫作“宝相花”。其花纹造型复杂丰富，呈放射对称的团花形，富丽堂皇。在田自秉、吴淑生、田青所著《中国纹样史》（高等教育出版社2003年版，第229页）中考证，“宝相花，又称宝仙花，是蔷薇花的一种”。又有古诗也描写过宝相花：“宝相锦铺架，酴醿雪拥檐。”（宋·司马光《三月三十日微雨偶成诗二十四韵书怀献留守开府太尉兼呈真率诸公》）攀缘满架、盛开的宝相花繁花似锦，锦缎上织出的宝相花纹却并非“凡花”。仔细观察，这种花纹中既有牡丹的雍容华贵，又有莲花的庄严大方，还含有如意、云头等造型元素。宝相花作为植物纹样，并不是描摹自然界中真实存在的某种花卉，而是集合了多种花最美特征的全新组合创造，就如同鸟中之凤、兽中之龙的组合造型一般。“宝相”一词源于佛教，形容佛祖、菩萨的法相叫作“宝相庄严”。宝相花造型的端庄优美也正如此。特别在是唐代，宝相花所体现的大气雍容的美感，成为与“大唐盛世”时代风格最为吻合的代表性图案，大量出现在瓷器、铜镜、金银器以及服饰织物的装饰上。繁花似锦，宝相庄严，装点着盛世气象，记载着绝代风华。

图63　宝相花纹锦
唐·兰底宝相花对鸟纹锦

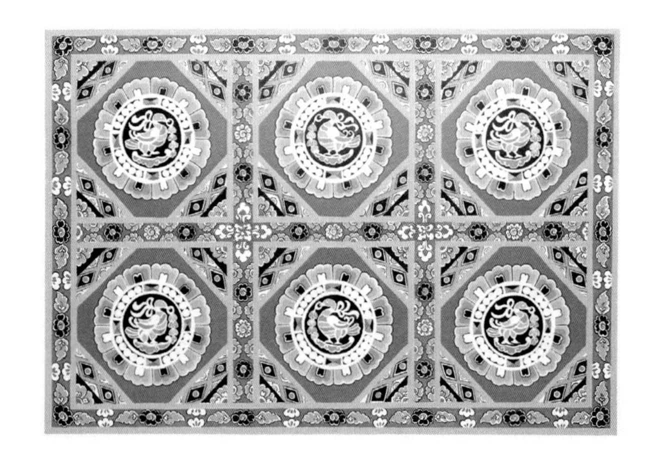

图64　鸟衔绶带纹
中唐·平棋图案，莫高窟第361窟，高阳临摹整理绘画

64. 鸟雀衔着绶带的纹样是什么寓意?

“鸟衔绶带纹”是唐代盛行的一种纹样。“绶带”的“绶”字，与长寿的“寿”字谐音，因此具有吉祥庆寿之意。鸟雀衔绶纹，在盛唐时期大量出现在铜镜装饰上，这个主题的铜镜是为唐玄宗的生日“千秋节”祝寿所铸。在织锦装饰上同样不乏此类题材。敦煌莫高窟第158窟是著名的中唐“涅槃窟”。窟内佛坛上横卧着一座15.8米长的佛祖涅槃像，安详合目、无生无灭的佛祖，其头下枕着一方带有“联珠雁衔绶带纹”的枕头。在青绿相间的花瓣构成的圆形团花中央，有一圈项链般的白色联珠纹，珠圈内的主体纹样是一只足踏祥云的大雁，口衔一串珠宝瓔珞串成的珠绶。这便是“鸟衔绶带纹”。凤鸟、大雁、鸭、鹦鹉等禽鸟，都有表现为口中衔着绶带的样式。禽鸟有的呈站立姿态，有的飞翔空中；口中的绶带或累累垂下，或摇曳飘拂，增加了图案的动态美感。莫高窟中的这方枕头花纹，就说明了在中唐时期，这一纹样依然应用得非常广泛。

65. 蝴蝶纹有什么寓意?

“双蝶绣罗裙。东池宴，初相见。朱粉不深匀，闲花淡淡春。”（宋·张先《醉垂鞭》）在中国传统服饰中，蝴蝶纹样是常见的织物面料纹样，或织，或绣，或染，或印。双双蝶飞，翩跹于飘飘的衣袂，起舞于长长的裙裾，充满了诗情画意。“蝴蝶”与“衣服”之关联，有一个凄美的古代爱情故事。战国时宋国人韩凭，其妻美貌出众，被宋康王觊觎，终于强抢入宫，宋康王将韩凭冤屈定罪，让他服苦役修筑青陵台。韩凭的妻子是一位贞洁烈女，她暗中使自己的衣服朽烂，在与宋康王一起登高台观景之时跳下高台，左右想抓住她，但衣服一扯就纷纷破碎。韩妻坠台而死，她破碎的衣服变成双双蝴蝶，漫天飞舞。唐代李商隐专门以此典故和青陵台古迹写了诗句凭吊感喟：“青陵台畔日光斜，万古贞魂倚暮霞。莫讶韩凭为蛱蝶，等闲飞上别枝花。”（《青陵台》）此外，“梁祝化蝶”的民间传说也增强了蝴蝶双飞寓意爱情坚贞的意义。故此，蝶双飞、蝶恋花的图案大量出现在传统服饰之中，不仅观之极美，更有深长意味。

图65　清代蝴蝶纹衣物
清·蝴蝶花卉衬衣

66. 海水江崖纹有什么寓意?

在古代的皇帝龙袍和官员官服的下摆处常常装饰着一种特定的纹样，叫作“海水江崖纹”，有时候也写作“海水江牙纹”。顾名思义，这一纹样表现的是海水和山崖两种物象。图案用抽象概括的手法，以一排排平行条纹表现奔涌的海波，这些平行条纹叫作“水脚”。有的横向排列，叫作“平水”；有的纵向排列，叫作“立水”。在水脚之上，是层层叠叠鱼鳞状排列的海浪，波涛汹涌之中，托出一大两小、左右对称的三个山峰。山峰后浪花飞溅，海面上云水绵延。这种装饰图案气势宏伟庄严，充分呈现出“巨石穿空，惊涛拍岸，卷起千堆雪”的壮观场面。这一图案，在明代初具雏形，到清代便成为皇家的固定服装纹样制式。在《清史稿》中规定了皇帝、皇后、皇子的朝服，其下幅都采用海水江崖纹样。能象征皇家威仪的海水江崖纹，借大海的宽广无垠、山崖的高耸稳固，表达了江山统一、寿山福海、万世升平的吉祥寓意。

图66　海水江崖纹龙袍图案
清光绪·御制黄地缂丝金龙十二章龙袍

67. 落花流水纹有什么寓意?

“独自莫凭栏，无限江山，别时容易见时难。落花流水春去也，天上人间。”这是有“千古词帝”之誉的南唐后主李煜的名句。看到落花逐水，文人墨客均会发出“花自飘零水自流”（宋·李清照《一剪梅》）的时过境迁、韶华易逝的感叹。而这样的文人情愫，融入中国古代服饰面料纹样设计中，就有了著名的“落花流水纹”锦。如诗中所咏：“兰浦苍苍春欲暮，落花流水怨离襟。”（唐·李群玉《奉和张舍人送秦炼师归岑公山》）落花流水纹的面料以盘旋潆洄的水纹为地，上面每隔一定间距点缀一朵或一组五瓣小花，也有的是折枝花。图案画面充分体现出“桃花流水窅然去，别有天地非人间”（唐·李白《山中问答》）的清雅诗意。落花流水纹图案是中国传统文学与织物装饰纹样的完美融合。

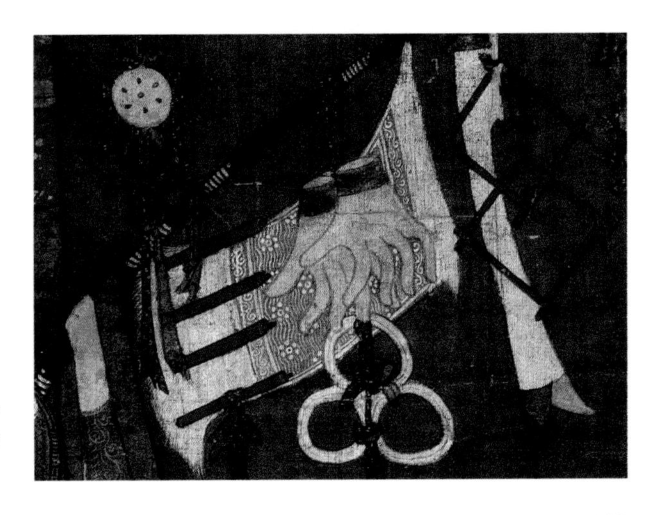

图67 落花流水纹样
北宋·《货郎图》（局部），苏汉臣作（传），台北故宫博物院藏

68. 暗八仙纹有什么寓意?

“八仙过海，各显神通”，老百姓耳熟能详的八仙，是中国道教中的八位神仙：铁拐李、张果老、汉钟离、韩湘子、蓝采和、吕洞宾、曹国舅、何仙姑。这八位神仙汇聚一堂，有老有少，有文有武，有男有女，有富有贫……其身份所源典故各不相同。铁拐李这一人物传说原名李玄，受太上老君点化得道，因元神出窍后真身被毁，只好借一瘸腿乞丐尸身还魂，成为蓬头垢面拄着铁拐的样子。铁拐李还常背着一个装着仙药的葫芦，下凡时用来治病救人。张果老是唐代的一个江湖术士，名叫张果，“老”是对老人的尊称，后被人们传为神仙。传说张果老常背着一个道情筒，倒骑白驴，云游四方，敲着渔鼓

图68　暗八仙纹样
清・蓝缎彩绣暗八仙钉珠马蹄底鞋，沈阳故宫博物院藏

简板在民间传唱道情，劝化世人。汉钟离又叫钟离权，是东汉至魏晋时期的人物，中国民间传说中的神仙。他身材魁梧，须髯飘洒，头上扎着两个丫髻，常常袒胸露乳，手持棕扇，神态自若，宛若一个闲散的汉子。韩湘子则相传是唐代文学家韩愈侄儿之子，是一位手持长笛的英俊少年，由白鹤投生而成。成仙后，玉皇大帝又赐他缩地花篮、冲天渔鼓等宝物，并封为开元演法大阐教化普济仙。蓝采和在民间传说中被描述为一个身着破旧蓝衫、一脚穿靴、一脚跣露、手持大拍板、酩酊大醉、招摇过市、虽落魄但豪放不羁的江湖浪子。成仙后，蓝采和曾用来采药草的药篮就成了法器，常饰有鲜花，一可治人间百病，二可去除妖气。吕洞宾也是唐朝人，号纯阳子，被道教奉为“吕祖”。吕洞宾喜顶华阳巾，身佩纯阳宝剑，可镇邪驱魔，是八仙之中最富有人情味的一位。曹国舅在传说中是宋代人，为曹太后的兄弟，然而不慕皇家富贵，隐居修道，成为神仙。传说中的曹国舅头戴纱帽，身穿红袍官服，手持玉板，其玉板可净化环境，起到万物俱静的作用。何仙姑是“八仙”中唯一的一位女仙，其身份说法多种多样，何仙姑常手持荷花，又雅称“荷仙姑”。在八仙里加入一位女性，使得这八位神仙组合更有亲和力。八仙既然如此“亲民”、深入人心，在服饰面料上也少不得这一主题。“暗八仙”纹样巧妙地不进行具体人物刻画，而是以八仙各自使用的法器物件作为图案造型。即铁拐李的葫芦和拐杖、张果老的渔鼓、汉钟离的扇子、韩湘子的笛子、蓝采和的花篮、吕洞宾的宝剑、曹国舅的玉板、何仙姑的荷花。“暗八仙”纹样寓意着以八仙的神力保佑吉祥平安。

69. 蝙蝠纹有什么寓意?

在动物界，蝙蝠可谓其貌不扬，在西方文化中，蝙蝠更是邪恶的吸血鬼的象征。然而在中国传统装饰艺术“化丑为美”的神奇转化下，蝙蝠成为寄寓着“福”的吉祥纹样，飞入人们生活的每个角落，包括人们的服饰之上。生活幸福是所有人梦寐以求的，“祈福”的美好愿望如何以具象的方式来作艺术表现？古人运

图69-1　五福捧寿
清中期·金质累丝五福捧寿发簪

图69-2　五福捧寿纹样
清·红绸地五福捧寿纹女袍

图69-3　五福捧寿团花

图69-4　彩云蝠团寿纹

用了巧妙的“谐音寓意”手法，借“蝠”与“福”的同音，使蝙蝠成了受人欢迎的“送福使者”，衍生出丰富多彩的以蝙蝠形象为主体、以“福”为主题的纹样。如蝙蝠与云纹的组合，代表着蝙蝠在天上飞舞，叫作“福自天来”；蝙蝠和铜钱的组合，由于铜钱上有眼，叫作“福在眼前”；一对蝙蝠上下翻飞，叫作“福上加福”；将本来灰色的蝙蝠改为喜庆的红颜色，叫作“洪（红）福齐天”……古代艺术家创作之灵活多变、匠心巧运，不胜枚举。用在服饰面料上的蝙蝠纹，最典型的就是“五福捧寿”团花。“五福，一曰寿，二曰富，三曰康宁，四曰攸好德，五曰考终命”，所以“五福捧寿”纹绘五只蝙蝠围绕着一个圆形寿字，象征着五福具备、福寿双全的美好寓意。直到今天，在新春佳节之时，家庭里的长者们也常穿着“五福捧寿”团花纹的中式新衣，寓意着享有安乐健康、子孙孝顺的好福气。

图69-5　彩云蝠团寿纹
清乾隆·明黄色彩云蝠团寿纹妆花缎女吉服袍

图70　百子刺绣女夹衣
明·红纱罗地平金彩绣百子金龙花卉女夹衣（复制品），1958年北京昌平定陵孝靖皇后棺内出土，定陵博物馆藏

70. 百子纹有什么寓意？

在中国传统农耕文化中，子孙繁衍、宗族繁盛是人们所希冀的，因此“多子多福”“子孙满堂”的吉祥寓意成为常见的图案创作主题之一。健康活泼、朝气蓬勃的儿童形象成为服饰图案重要的题材之一，于是产生了一种叫作“百子图”的纹样。宋代辛弃疾有词云：“恰如翠幕高堂上，来看红衫百子图。”（《鹧鸪天·祝良显家牡丹一本百朵》）百子图纹样表现众多的儿童进行不同种类游戏的场面，如敲锣打鼓、放风筝、舞狮子、耍龙灯、提灯笼、抽陀螺等，也有表现读书、写字、弹琴等日常生活场面的。儿童周围常以庭园景致相陪衬，如亭台楼阁、山石树木、小桥流水等。因此，百子图纹样的丰富构图和细致表现，表现的是一种期盼子子孙孙健康成长、终成大器、光耀门庭的美好希望和吉祥寓意。

71. 八吉祥纹有什么寓意?

“八吉祥”图案指的是佛教的八种宝物。这八种宝物及其吉祥寓意分别为：法轮，原意为“佛说大法圆转万劫不息之谓”，也有生命不息的吉祥寓意；法螺，表示佛法妙音吉祥，可让人好运常在；宝伞，由于伞可遮蔽风雨、可收可放、张弛自如，象征着佛法可以随时随地护佑众生；白盖，表示庇护众生远离一切贫病之意；莲花，代表着清净庄严、出淤泥而不染，寓意在浊世中保持清白；宝瓶，表示着佛法可使人功德圆满，毫无漏洞，也寓意成功；金鱼，寓意坚固、活泼，可以摆脱一切劫难；盘长，是一根绳子回环盘绕，寓意一切贯彻通明。这八种物象，简称为“轮、螺、伞、盖、花、罐、鱼、肠（长）”，非常上口好记。八物在转化为百姓日常生活装饰纹样的时候，在佛教义理的基础上又有了一定的寓意转化和丰富，重点突出其吉祥寓意的因素，故此称为“八吉祥”纹样，又叫佛教“八宝纹”。在人们普遍信仰佛教且吉祥图案盛行的中国古代，八吉祥纹样也大量出现在人们的服饰装饰上。

图71　八吉祥纹样
清·藏蓝缂丝团龙八吉祥纹褡巴

图72-1　卍字纹面料
元·蓝地菱格卍字龙纹双色锦对襟夹袄，1999年河北承德隆化鸽子洞窖藏出土，隆化民族博物馆藏

72. 古代服装面料上的几何图案也有寓意吗？

现代服装面料的图案中，有一类是几何纹样，例如条纹、圆点、菱格、方块等，其纹样抽象，排列规整，富于节奏，体现的主要是一种视觉上的形式美感，大多并没有具体的寓意。但是中国古代服饰上的几何纹样，很多不仅有外在的形式美，更有内在的寓意美。历代应用于服饰的几何纹非常丰富，具有吉祥寓意的几何纹也为数甚众。比较典型的有“卍”字纹，以两道一波三折的直线构成纹样，并向四面八方连续，代表着连绵不断、万代绵长；八达晕纹也叫“八达韵”或“八答晕”，其纹样中间为八面形，向八方连续呈网状构图，具有四通八达的吉祥之寓意；连钱纹是以圆形为基本形，以圆的四分之一弧线相重叠，构成彼此互相连接的酷似一个个铜钱的形状，故此得名，其寓意是富裕和财源滚滚；龟甲纹是以直线构成六边形的单元纹样，做四方连续，不断循环，其造型肖似乌龟背甲的花纹，因而象征着长寿。古代服饰上的几何纹样以简洁的形态便于织造或印染等工艺手段的实现，既起到很好的装饰效果，又以吉祥的寓意让穿用者获得心理上的愉悦与认同。

图72-2　八达晕纹面料
清·万事如意八答晕纹锦，四川博物院藏

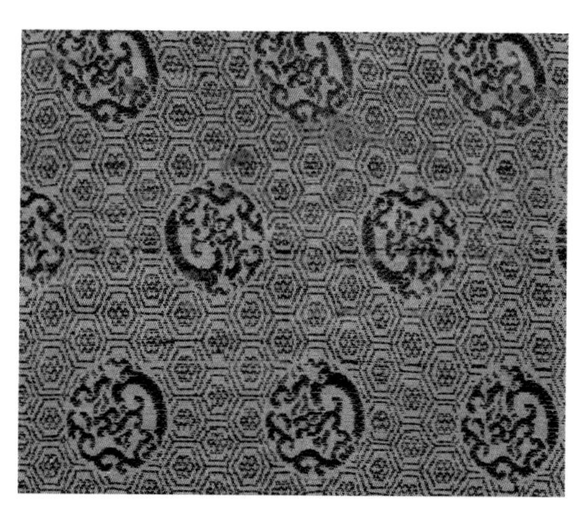

图72-3　龟甲纹面料

73. 古代的官服补子图案有什么寓意?

在明清两朝，官员的“制服”前胸和后背各缀有一块方形刺绣图案，这块东西叫作“补子”，其上的纹样代表着高低不同的官位品级。文官的补子图案绣禽鸟，以鸟寓意儒雅；武官的补子图案绣走兽，以兽寓意勇猛。明代文官补子图案主要有以下九类：一品文官补子图案为仙鹤，“鹤鸣九皋，声闻于天”，因此仙鹤是一种高贵的鸟，又是清高、长寿的象征，古人认为它是“羽族之宗长”（明·周履靖《相鹤经》），堪配文官的第一品级；二品文官补子图案为锦鸡，锦鸡毛色美丽，五彩如锦，象征着有文采；三品文官补子图案为孔雀，孔雀羽毛华丽，被古人认为是一种具有贤德的“文禽”；四品文官补子图案为云雁，大雁在中国古代被作为守信和忠诚的象征，人们赞誉它是以迁徙避寒暑的“智禽”；五品文官补子图案为白鹇，其羽毛洁白如雪，姿态悠然娴雅，代表了一种高洁之士耿介不俗的气质；六品文官补子图案为鹭鸶，鹭鸶飞翔时井然有序，寓意官员知上下尊卑次序；七品文官补子图案为鸂鶒，这种鸟形似鸳鸯，双宿双飞，象征着忠贞的品格；八品文官补子图案为黄鹂，黄鹂鸣声婉转动听，是美好和喜悦的象征，“莺迁”还是升官和乔迁的喜事代名词；九品文官补子图案为鹌鹑，鹌鹑这种鸟虽然貌不惊人，但机敏灵活，另外还有“平安”“安居乐业”的吉祥含义。清代补子图案基本沿袭了明代，各品级略有区别。其中一至七品与明朝相同，八品改黄鹂为鹌鹑，九品改用练雀。

图73-1　文官补子图
清·一品仙鹤

图73-2 文官补子图
清·二品锦鸡

图73-3 文官补子图
清·三品孔雀，美国印第安纳波利斯艺术博物馆藏

图73-4　文官补子图
清·四品云雁

图73-5　文官补子图
清·五品白鹇，美国印第安纳波利斯艺术博物馆藏

图73-6　文官补子图
清·六品鹭鸶

图73-7　文官补子图
清·七品鸂鶒，美国印第安纳波利斯艺术博物馆藏

图73-8　文官补子图
明·八品黄鹂

图73-9　文官补子图
清·八品鹌鹑，加拿大皇家安大略博物馆藏

明代武官补子图案有如下品级规定：一品、二品狮子，三品、四品虎豹，五品熊罴，六品、七品彪，八品犀牛，九品海马。清代对武官补子图案的品级做了更为细致的划分：一品武官补子图案为麒麟，麒麟既是瑞兽，又是仁德的象征；二品武官补子图案为狻猊，狻猊外形近似狮子，是龙生九子之一，兼具高贵和勇猛的象征意义；三品武官补子图案为豹，寓意勇敢刚猛；四品武官补子图案为虎，老虎作为百兽之王，既有王者的智慧也有武者的威仪；五品武官补子图案为熊，以熊的力大无穷寓意强大的战斗力；六品武官补子图案为彪，彪凶狠残暴，代表着杀敌凶猛；七品、八品武官补子图案为犀牛，犀牛皮可制甲，角可制矛，象征武者刀兵犀利；九品武官补子图案为海马，海马是一种想象出来的海兽，身生两翼，可翔于天，可游于海，寓意水陆皆可攻战。

图73-10　武官补子图
清・一品麒麟

图73-11　武官补子图
清·二品狻猊

图73-12　武官补子图
清·三品豹

图73-13　武官补子图
清·四品虎，美国大都会博物馆藏

图73-14　武官补子图
清·五品熊

图73-15　武官补子图
清·六品彪

图73-16　武官补子图
清・七品、八品犀牛

图73-17　武官补子图
清・九品海马

色彩何所美？

——中国古代服饰的色彩之问

74. 红色和紫色在古代是尊贵的颜色吗？

在《西游记》故事里，唐僧师徒曾到过一个西邦国家，叫作“朱紫国”，其国名“朱紫”是两种颜色的名称，“朱”是红色，朱紫便是红色与紫色。在中国古代服饰中，红色和紫色是尊贵的色彩，象征着显贵。这是因为，中国古代高级官员的官服为“朱衣紫绶”，即红色的官袍搭配紫色的绶带。唐代元稹在自己的好朋友白居易升迁时便作了一首《酬乐天喜邻郡》以表祝贺，其中有两句：“蹇驴瘦马尘中伴，紫绶朱衣梦里身。”“紫绶朱衣”便是身居高位的代称。在唐代，已有明确的制度规定，以官服的颜色区分官位。初唐的时候便规定，三品以上的官员穿紫色的官袍，而四品的官员是绯色的（深红色，属于红色系），五品是浅绯色。所以形容百官上朝之时的场面为：“班行次第立，朱紫相参差。”（唐·元稹《寄隐客》）“雪中退朝者，朱紫尽公侯。”（唐·白居易《歌舞》）此后的朝代，也基本沿袭此制度，以朱紫为贵色，便成为中国古代服饰颜色的固定概念。但红色和紫色最早的时候并非同等尊贵。红色为“五方正色”之一，地位之高一直毋庸置疑；而紫色曾被称为“间色”，是次要的颜色，所以地位曾远远低于红色。《论语》中曾有“恶紫之夺朱也”的说法，由此甚至被后人引申为以“朱紫”代表“正邪”“善恶”“优劣”。然而紫色最终还是洗清了“恶名”，逆袭成功，甚而凌驾于红色之上，成为最尊贵的颜色。在不同的时代、不同的社会背景和语境下，服饰色彩的意义大不相同。

图74　古代穿红袍的官员

北宋·《听琴图》（局部），赵佶作，北京故宫博物院藏

75. “白衣”在中国古代有什么文化含义?

无论是在现代还是古代，白色的衣服都具有特殊的含义。今天我们将“白衣”指代为身穿白大褂的医护人员，尊敬地称他们为“白衣天使”；然而在古代，白色是平民服色，“白衣”一般是没有功名的平民的代名词，或者指身份低微的小吏，以及受到朝廷处分的官员。在汉代，这种指代意义就已经形成了。京剧中有一出著名的《击鼓骂曹》，狂放的才子祢衡便是“白衣”，《后汉书·孔融传》中写道：“少府孔融……又前与白衣祢衡跌宕放言。”唐代大诗人孟浩然寄情山水田园，不取功名，老大未仕，故《唐才子传·孟浩然》中这样评价他：“观浩然罄折谦退，才名日高，竟沦明代，终身白衣，良可悲夫。”江山代有白衣才人出，宋代的“凡有井水处，皆能歌柳词”之大才子柳永，也是屡试不第，他一气之下，写出了千古落榜白衣才子共同的呼声：“才子词人，自是白衣卿相。”（柳永《鹤冲天》）好一个“白衣卿相”！于是，“白衣”也便隐含了古代读书人恃才傲物、不慕荣华的风骨，但也有一丝怀才不遇、大隐于市的落寞。衣服颜色的称呼简单，但意义不简单，其中包含着丰富的文化内涵。

图75 根据柳永《鹤冲天》词义创作“才子词人，自是白衣卿相”
李慕琳手绘插图

76. “青衫”到底是什么颜色的衣服?

在唐代大诗人白居易的千古名篇《琵琶行》之中，诗人因见流落江湖的琵琶女，引起对自己谪贬飘零的感叹，故此“座中泣下谁最多？江州司马青衫湿”。这里写到的“青衫”，指的是低品级官员的官服。其实白居易当时所任“江州司马”，也不算是等级最低的芝麻小官，诗人是以“青衫”之寓意，抒发自己被排挤被冷遇的喟叹罢了。中国古代形容颜色的字词，概念往往比较模糊。譬如这个“青”字，有时指绿色，如“青草”“青菜”；有时指蓝色，如“青出于蓝”“青天”；有时还指黑色，如“青丝变白发”的青丝，便是形容黑色的头发。白居易所写的“青衫”作为官服，到底是什么颜色呢？《旧唐书·高宗纪》上元元年八月戊戌条略云：“敕文武官三品以上服紫，四品深绯，五品浅绯，六品深绿，七品浅绿，八品深青、九品浅青。”这段记载详细指明了唐代各品级的官服所对应的颜色。在青色系列之上，又有绿色系，所以这里的青衫并非绿颜色，应是深深浅浅的偏蓝色系。在更早的《诗经》中咏唱的“青青子衿，悠悠我心”（《子衿》）中的一袭青衣，也是指中国古代以靛蓝草染就的蓝色系衣服。青衫之蓝，有迁客骚人的慨叹、有民间情爱的缠绵，可谓是充满了浪漫的“色彩”。

右/图76　根据白居易《琵琶行》诗意创作“江州司马青衫湿”李慕琳手绘插图

77. 古代有“撞色”搭配吗?

在现代的时装设计或时尚流行服装搭配时，有一种色彩搭配的称呼叫作“撞色”。撞色是什么意思呢？其实指的是将明暗、冷暖、色相反差比较大的颜色有意地搭配在一起，在视觉上形成一种强对比效果的色彩搭配，彰显设计师的大胆和时尚。例如黄和紫、红和绿、蓝和橙的搭配，都是典型的“撞色”色彩组合。撞色的色彩搭配虽然被认为是现代设计的时尚理念，但其实在中国古代的服饰色彩搭配中，撞色早就屡见不鲜了！早在汉乐府诗《陌上桑》中，便有美女罗敷的衣裙撞色搭配的描写：“缃绮为下裙，紫绮为上襦。”“缃”指的是浅黄色。她身穿淡黄色的长裙，配紫色的短上衣（上襦）。淡黄色的

图77-1　唐代女子“间色裙”的撞色搭配
唐·《持扇仕女图》，1972年陕西咸阳礼泉县烟霞镇西周村西阿史那·忠墓出土，原址保存

温柔加紫色的典雅，真是绝好的既明艳又雅致的服饰色彩搭配。到了以文化思想、审美时尚开放而著称的唐代，女子的服饰色彩搭配更是艳丽、鲜明、大胆。在唐代壁画和出土的唐三彩女俑身上，都随处可见对比强烈、但又亮丽不俗的撞色。唐代女子除了以身上几件衣服的色彩互相映衬形成撞色效果之外，还流行穿 种撞色的条纹裙，这种裙子叫作“间色裙”。间色裙是将两种不同颜色的布料裁成长条，竖向的色条两色相间拼成裙子，一般以红色为主，配另外一种与主色明暗、色相对比大的颜色，例如红白间色裙，就是红色和白色条纹搭配，“绛碧裙”则是红色和绿色条纹相间。间色裙最流行的时期是初唐直至开元年间。服饰色彩时尚的流行和不拘一格，也从一个侧面体现了盛世开放、自信的风采。

图77-2 服装的撞色搭配
唐·《仕女图》，陕西咸阳礼泉县烟霞镇兴隆村契苾夫人墓出土，昭陵博物馆藏

78. “石榴裙”是一种什么颜色的裙子?

“一丛千朵压栏杆，剪碎红绡却作团。风袅舞腰香不尽，露销妆脸泪新干。”（《题山石榴花》）这是唐代大诗人白居易吟咏石榴花的诗句，他将艳红盛开的石榴花比喻成剪碎的“红绡”，可见其色彩之美，如同艳丽的红色织物一般。石榴花与服饰有着不解之缘，在中国古代女子流行的裙子中，就有以石榴花命名的，叫作“石榴裙”。石榴裙的名称，最早出现在南朝的诗句中：“芙蓉为带石榴裙。”（南朝梁·梁元帝萧绎《乌栖曲》）石榴裙就是红裙，不染别的颜色，也不加其他的花纹装饰，一色绯红，如石榴花般鲜艳美丽，又以轻薄的丝织物制成。女子穿着这样的红裙姗姗移步或翩翩起舞之时，如同盛开的石榴花一般让人心旷神怡，故此多少须眉男子“拜倒在石榴裙下”，这句俗语今天还在使用，用石榴裙来形容绝色的女子。石榴裙的红色也就成为中国古代服饰配色中最亮丽的一抹颜色，所谓“眉黛夺将萱草色，红裙妒杀石榴花”（唐·万楚《五日观妓》），此言不谬也。

图78 古画中红裙女子的形象
唐·《捧包裹女侍图》，1973年陕西咸阳礼泉县烟霞镇西侧李振墓出土，昭陵博物馆藏

79. 古代人结婚穿什么颜色的衣服?

在我们的印象里，中国古代的婚礼上新人穿的都是象征吉祥喜庆的大红色婚服。直到现在，一些“国潮”婚礼或婚纱照依然沿袭大红色的服饰装扮。但中国古代历朝历代结婚时都穿红色吗？情况并不是这样！周朝时，详细制定了人们日常生活之中的各种“礼制”，包括人生重大礼仪“婚礼”。周朝的贵族在婚礼上穿什么颜色的婚服呢？居然是黑色的。这就是

图79-1　婚嫁图
晚唐·婚嫁图，莫高窟第12窟（左侧礼席客人已就座，右侧跪拜地上者为新郎，一旁作揖站立者是新娘，后面是众傧相。画面正中陈列的是新郎送给新娘的彩礼，三叉支架竖圆镜一面，左前方是前来贺婚者）

婚嫁图—新娘

婚嫁图—新郎

当时最高贵的色彩搭配“玄纁之制”。“玄”，是一种黑中带红的颜色，象征着“天”；“纁”，是一种红中带黄的颜色，也叫赤黄色，象征着地。所谓“天地玄黄，宇宙洪荒”，便为此二色象征的来源。周代贵族男女结婚时，婚服的主色调是玄色，衣裳的缘边是浅红的纁色，突出的不是喜庆，而是敬天礼地，以天地为证的庄严肃穆。在魏晋南北朝时期，婚服居然用过白色，这更出乎我们的意料。因为在中国传统文化中，人们的概念一直是“白丧红娶”，结婚用红色，丧事才用白色。但《晋书·东宫旧事》记载：“太子纳妃，有白縠、白纱、白绢衫，并紫结缨。”超凡脱俗的魏晋，还真是一个“白衣飘飘的年代”。到了隋唐时期，男女结婚穿的婚服颜色变成了对比鲜明的“红男绿女”。新郎穿象征着尊贵地位的红色官袍样式的结婚礼服，新娘则穿青绿色的贵族妇女的礼服。这种红绿配的婚服，在我们今天看来，是非常新鲜别致的。至于我们今天习惯的新郎新娘均一身大红的色彩搭配，是从明清开始并延续至今的。

图79-2　新郎和新娘
五代·同入青庐，榆林窟第38窟，西壁（新郎、新娘相伴同入青庐的场面，新郎回请新娘的姿势就是“揖妇以入”

80. 古代人在葬礼上穿什么颜色的衣服?

西方人在出席葬礼时要穿着一色黑衣。在现代社会中，我们也接受了西方的一些礼仪习惯，去参加追悼会时往往也穿黑色服装。但在中国古代，服丧一定要用白色。周朝建立中国礼仪制度，丧葬制度是其中重要的组成部分。关于服装的颜色，周代时认为黑色为贵，象征着天，所以礼服、婚服都用黑色，丧服自然绝不能用黑。中国古代色彩文化中有“五方正色说”，最主要的五种颜色是“红、青、黄、白、黑”。这五种颜色与“五行”“五方位”“四季节”对应，形成了一个系统，具有丰富的象征意义。青对应木，象征东方，代表春季；红对应火，象征南方，代表夏季；黑对应水，象征北方，代表冬季；白对应金，象征西方，代表秋季。黄对应土，象征中央。五方正色中的白色，是五行中的金。这个“金”意思是金属的刀剑兵戈，它所代表的秋天，也是万木凋零、大地肃杀之意。而我们形容人之死亡，也叫作“一命归西”，故此，白色作为中国传统葬礼服饰的颜色，是由中国传统色彩文化中这些象征含义所决定的。

图80　豫剧《秦雪梅·吊孝》

时尚何所行？

——中国古代服饰的流行时尚之问

81. 古代有喜欢穿男装的"女汉子"吗？

在中国民间传说以及北朝诗歌《木兰诗》中，塑造了一位家喻户晓的人物角色——代父从军的女英雄花木兰。木兰从军十二年，一直女扮男装，直到建功立业回到家乡，才"脱我战时袍，著我旧时裳。当窗理云鬓，对镜帖花黄"，恢复女孩子的服饰装扮。女子穿男性的衣服，在今天是一种比较流行的风格，叫作"中性风"，为女孩儿增添了一种"酷"。那么，在中国古代，这种酷酷的女着男装的风气流行过吗？当然有，那就是在审美时尚最为开放的大唐盛世。唐代女子穿男装自唐高宗时就开始盛行。男子头上戴的幞头、身上穿的圆领袍、脚蹬的乌皮靴、腰系的蹀躞带，也同样出现在女子身上。据史料记载，太平公主便酷爱男装，曾经做男儿装扮面见唐高宗和武则天，这身打扮不但没有令她受到责备，反而得到了赞许和欣赏。上行下效，唐代女子"不爱红妆爱男装"的时尚就这样流行起来。女皇帝武则天当政之时，宫中的女官自然也按男性官员一般打扮。唐代的女子生活在一个时尚开放的时代，也可如男子一样骑马出外，踏青赏景，骑马的时候着男装自然更为方便爽利。"虢国夫人承主恩，平明骑马

图81 唐代女扮男装
盛唐·《虢国夫人游春图》（局部），张萱作（现存宋摹本），辽宁省博物馆藏

入宫门。却嫌脂粉污颜色，淡扫蛾眉朝至尊。”（唐·张祜《集灵台·其二》）这位不屑于描眉打鬓、涂脂抹粉，反而跨马扬鞭进宫朝见天子的虢国夫人，穿的多半也是男装。唐代女扮男装的开放和自信，正体现了唐朝盛世的服饰文化与风尚。

82. 古代的女子喜欢丝巾吗?

现代女性服饰搭配中，丝巾是很受欢迎的一种配饰。各种花色质地、五彩缤纷、轻柔飘逸的丝巾，无论是系在颈间还是披在肩背，都为女性增加了或活泼亮丽或端庄优雅的美感。在中国古代，女子的服饰中也少不了这样一条漂亮的“丝巾”。古时深受女子欢迎的丝巾叫作“披帛”。南北朝时期，披帛主要出现在佛教壁画的人物身上，敦煌壁画中北朝时期的菩萨、飞天，其身上都披着长长的披帛。唐代

图82-1　敦煌北朝壁画中菩萨的披帛
西魏，莫高窟第249窟，主室西壁

图82-2　唐代绘画中女子的披帛
唐·《内人双陆图》，周昉作（传），美国弗利尔美术馆藏

时，披帛就成为宫廷和民间女性都常用的百搭服饰，在唐代壁画和绢本绘画中，均多处出现披帛。披帛有一种较短较宽的，使用时披在肩头，两端在胸前相交，有时还打一个结；另一种是较长较窄的，搭在肩背处，并缠绕于双臂。这很类似我们今天丝巾中“方巾”和“长巾”的不同用法。披帛在某些朝代也叫作“帔子”。帔子、披帛、披巾，在很多时候其实均指的是这种女性披于肩背的装饰物，它们多用轻薄的丝罗制成，因此又叫作“罗帔”。古代诗词中描写了许多色彩各异、美丽精致的罗帔，如“罗帔掩丹虹”（唐·元稹《会真诗三十韵》），“雾卷黄罗帔”（唐·薛昭蕴《女冠子》），“谁人与脱青罗帔”（唐·韩愈《楸树》）等。另外，颜色特别绚丽的披帛，还有一个美称叫作“霞帔”，“谁遣虞卿裁道帔，轻绡一匹染朝霞”（唐·李贺《南园十三首》），既写出了披帛的质地，又写出了披帛的色彩。由此可见，这种披帛着实美不胜收。

83. 魏晋名士穿衣服为什么喜欢敞胸露怀?

图83 袒胸露怀的人物形象
南朝·竹林七贤画像砖（从上至下：阮籍、向秀、嵇康），1960年南京西善桥南朝大墓出土，南京博物院藏

在《世说新语》中记载了许多魏晋名士的逸闻轶事。其中有一则“坦腹东床”的故事，主角是我们大家都熟知的东晋大书法家王羲之。这个典故讲的是太傅郗鉴素仰当时的名门望族王家，派了门客去王家给女儿求亲选婿，王羲之的伯父王导带来人去东厢房见了王家诸位子侄，门客回来报告：“王家诸郎，亦皆可嘉，闻来觅婿，咸自矜持，唯有一郎在东床上坦腹卧，如不闻。”王家的男孩子们听说有来选婿相亲的，举止都很矜持，只有一个人在东床上敞胸露怀大模大样地躺着，丝毫也不在意地这般潇洒！这个坦腹东床的人就是王羲之。结果郗太傅偏爱他这份潇洒劲儿，把女儿嫁给了他，后世因此把女婿叫作“东床快婿”。这个故事说明了魏晋南北朝时的审美风尚，是破除礼法、提倡个性，因此士人穿着服装追求一种潇洒自如的气派，不再“严衣蔽体”，“敞胸露怀”反而被认为是不拘泥于礼法的“魏晋风度”。在著名的南京西善桥画像砖上，我们可以看到，魏晋风度的代表者“竹林七贤”中有好几位就是这样的派头！

图84-1　唐代“大码美女”
唐·《唐人宫乐图》，台北故宫博物院藏

84. 唐代美女都穿“大码女装”吗?

在我们的普遍印象里，唐代人以“丰肥”为美，唐代的女子不必努力减肥，反而追求一种丰满富丽、雍容华贵的体态。那么，唐代的女子穿衣服也一定是“XXXL”的大码女装了吧？的确，唐代女子所穿的裙子“围度”都很宽大，一般以六幅布制成，甚至有更加肥大的，以七幅、八幅布制成，故有“裙拖六幅湘江水”（唐·李群玉《同郑相并歌姬小饮戏赠》），“书破明霞八幅裙”（唐·曹唐《小游仙诗九十八首》）等诗句，形容唐代女性的裙子。宽大的裙子成为时尚，与当时女子的丰腴体态是分不开的。但是否唐代各个时期都充斥着胖美人，唐代美女都得穿大码女装呢？也不尽然！由存世的唐代壁画、绢本绘画以及石刻、雕塑等作品所表现的唐代女子可见，并非任何时期和所有的唐代美人都是“胖美人”。如《步辇图》中的宫娥、永泰公主墓壁画中的女子，均身材窈窕、姿容清丽，身着的衣服也有紧身小袖、尽显腰肢婀娜的“S”码服装。白居易在《上阳白发人》一诗中也写道：“小头鞋履窄衣裳，青黛点眉眉细长。外人不见见应笑，天宝末年时世妆。”可见，这种“小尺码”的“窄衣裳”，也曾一度作为“时世妆”在唐代流行过呢！

图84-2　唐代“小码美女”
初唐·《步辇图》（局部），阎立本作（传），北京故宫博物院藏

85. 中国古代有什么“奇装异服”？

在中国历朝历代，穿衣戴帽均被列入“礼法”，古人要严格履行服饰穿用的制度，并体现出等级和尊卑，还要显示出庄重和优雅的气度。但是，古人穿衣服并不是都那么“正经”，在古代服饰史上，也出现过“非主流”的奇装异服！当然，这些奇装异服，是被主流审美和文化所鄙薄为“服妖”的。在《后汉书·五行志》中有一段写道：“风俗狂慢，变节易度，则为剽轻奇怪之服，故有服妖。”历史上被斥为“服妖”的打扮记载不少，例如《史记·晋世家》中记

图85-1　“奇装异服”从左往右分别是：阮籍、刘伶、王戎、山涛
唐·《高逸图》，（《竹林七贤图》残卷）孙位作，上海博物馆藏

载：“太子帅师，公衣之偏衣。”这个“偏衣”就是被当时的人认为奇怪的衣服，偏衣以衣服的中缝为界，左右两边是不同的颜色。古时这种“不对称设计”被认为会给穿着的人带来不祥，果然，这个穿着不对称颜色衣服出征的晋国太子后来死于非命。还有汉代的海昏侯刘贺，是出了名的不靠谱，他当昌邑王的时候，发明了一种左右不对称、歪在一边的冠，叫“仄注冠”，歪戴帽子在今天都被认为是吊儿郎当的痞气，更何况是在重视礼法的古代。另外，在讲究男尊女卑、男女不易服的封建社会，男子和女子衣服的式样有着明显的区别，不得混穿，可是在“放浪不羁爱自由”的魏晋时期却出现了“男扮女装”，男子也穿女装衣裙并涂脂抹粉、一副娇怯怯弱不禁风的怪相。这些“奇装异服”都为后人和史书所诟病。

图85-2　偏衣
战国·彩绘木佣，1995年湖北省荆州市纪城1号墓出土

图85-3　偏衣图示

图86-1　壁画上的包
晚唐，莫高窟第17窟（藏经洞），主室北壁

86. 古人也有时髦的包包吗？

敦煌莫高窟的第17窟是天下闻名的藏经洞。在这个洞窟内的墙壁上有一幅壁画，画面上描绘着一位唐代侍女，她一手持藜杖，一手托巾，身着男装袍服，站立于树下，树枝上挂着一个包。这个包的样式和大小看起来与今天女子背的单肩包几乎没有差别，其造型简洁，包盖做成云头形边缘，看起来既雅致而又不失时尚，因此有人打趣说，古代女子也喜欢时髦的包包啊！其实，古人很早就发明了装随身携带物品的包包。只不过在古时候这叫作“囊”，所谓“探囊取物”，便说明了在“囊”里装着许多物事。《诗经・大雅・公刘》中便有描

图86-2　一群带“腰包”的官员
隋·《仪仗队列图》，2005年陕西渭南潼关高桥税村隋代壁画墓出土，陕西省考古研究院藏

写：“乃裹糇粮，于橐于囊。”其中的“橐”和“囊”都是口袋，在这里指的是装干粮的包包，也就是古人的“便当包”。古代的包有布帛做的，也有皮包，用皮革做的包叫作“革囊”。今天我们的包大多背在肩膀上，而古人的包一般佩戴在腰间，称为“佩囊”，看来与我们现如今的“腰包”差不多。这些包根据装的东西不同，分类很细。有官爵的人所佩装印绶的包叫“绶囊”，上朝的官员装笏板的包叫“笏囊”，武官武将装弓箭的包叫“箭囊”，文吏的“公文包”叫“刀笔囊”……不一而足。我们也发现，古代男子用各式包包的场合比较多，女子一般最多在衣带上配个锦绣的小小“香囊”。这与封建社会女子较少参与社会生活有关，那时候的女子大门不出二门不迈，不出门也就不必带包带东西啦。所以，今天的女子喜欢各种背包，包可不仅是时髦的配饰，与当今女性的社会活跃度也不无关系！

87. 古代的“云肩”是什么?

云肩是古代披肩的一种，外形轮廓呈如意云头形，故此得名。这种服饰在实用功能上有遮蔽肩背处、起到保暖的作用。在寓意方面，通过其外形和纹样装饰体现“四合如意”的吉祥内涵。明确的云肩样式初见于五代时期，四川成都五代王建墓出土的浮雕伎乐人像身着的就是典型的云肩。在古代游牧民族的服饰中，云肩出现得更为普遍，如敦

图87-1 吐蕃人云肩
中唐·《吐蕃赞普礼佛图》（局部），莫高窟第159窟，东壁南侧，常沙娜1947年临摹

图87-2 浮雕伎乐人的云肩
北宋·繁塔，河南开封禹王台区

图87-3 传世云肩实物
清代至民国

煌莫高窟第159窟，是吐蕃统治敦煌时所修建的，壁画上描绘的吐蕃贵族的披肩已经有了云肩的基本形态。与宋代政权并存的辽、金、西夏，也流行云肩这种服饰。元代云肩的应用更为普遍，直接被写入《元史·舆服志》（明·宋濂等）之中："云肩，制如四垂云。"敦煌莫高窟元代壁画中也出现过着云肩的元代贵族男子形象。到了明清时期，云肩便成为妇女新婚礼服上的装饰，或者较为正式的场合穿着的服装上的必要装饰。云肩和服装的色彩搭配也有讲究。清代李渔所著《闲情偶寄》之中，专门写到云肩与服色之间的关系，他认为云肩应与衣同色或近色，而不能深浅颜色反差过大。但实际上，传世之云肩实物的颜色，也有与衣色形成对比，但两色搭配得当、富有美感的。

88. 古代的“抹额”是什么？

图88-1　壁画侍女抹额
唐·《端蜡烛侍女图》（局部），1994—1995年陕西咸阳礼泉县昭陵烟霞乡东坪村新城长公主墓出土，陕西历史博物馆藏

在陕西礼泉县唐代新城长公主墓壁画中，描绘了一位侍女，她额头上扎着一条窄窄的红底白花纹的带子，带子后端缀着细绳，绑在脑后。这一看上去很特别的装饰叫作“抹额”，“抹”是一个动词，有扎、勒、系的意思，“额”就是额头。在前额上勒一条布帛的装扮，自商周时期就有了。秦汉魏晋时，男女都有戴抹额的，为的是给头部保暖，这一风俗多流行于气候寒冷的北方。到了宋代，抹额逐渐发展为妇女专用，制作得越来越精美讲究，其材质为锦缎刺绣，有的还装饰有珠宝玉石。宋代的抹额与首饰的功能相接近，其保暖的实用功能减弱，而作为头饰增加美感的欣赏功能则成为主要的了。明清时期是抹额最盛行的阶段，这一时期的抹额还有个别名叫作“勒子”。《红楼梦》中描写凤姐的装扮：“那凤姐儿家常戴着紫貂昭君套，围着攒珠勒子。”所谓“攒珠勒子”，便是在抹额上用珍珠缝缀出花儿作为装饰，是非常富贵华丽的头饰。在故宫博物院收藏的《胤禛美人图》之中，便有好几位妃子头戴不同的各式抹额的形象，可谓是与《红楼梦》之文字描写相得益彰。

图88.2　戴抹额的妃子
清·《胤禛美人图》之《桐荫品茶》，北京故宫博物院藏

何时何所穿?

——中国古代服饰的穿着与场合之问

89. 古代人上战场打仗时穿什么样的衣服?

在古诗词中，我们经常可以读到描写古代兵戎战事的句子，其中有形容顶盔披甲、金戈铁马、血战沙场的古代军人们的：“黑云压城城欲摧，甲光向日金鳞开。”（唐·李贺《雁门太守行》）“黄沙百战穿金甲，不破楼兰终不还。”（唐·王昌龄《从军行》）“年少万兜鍪，坐断东南战未休。”（宋·辛弃疾《南乡子·登京口北固亭有怀》）这些词句中写出了古代战士所穿的服饰。头上戴的头盔叫作“兜鍪”，以金属制成，一般是铜或青铜。头盔也叫作“胄”，评书中常说的“恕末将甲胄在身，不能全礼”，指的就是战士因为头戴着盔，身披着甲，不方便三叩九拜行大礼参见。甲则是披在战士身上保护他们的战衣，最早以厚实坚硬的皮革制成，让战士在战场上不为刀枪箭矢所伤。因为其功能类似有些动物保护自己的甲壳，故此得名。后来战甲改用金属制作，秦汉时期出现了铁甲，所谓“寒光照铁衣”（北朝民歌《木兰诗》），写的就是铁甲。金属做的甲被称为“铠”，铠甲用一块块甲片连缀而成，有的呈鱼鳞状，有的呈龟背花纹状，有的呈“锁子连环纹”状，所以有“细鳞铠”“锁子连环甲”

等称谓。铠甲最初的主要功能是保护人的胸和背，分前后两片，样式像今天的背心，叫作“裲裆铠”。南北朝时，出现了在铠甲胸背部分各安装左右两块圆形金属护镜的样式，这种铠甲显得特别威武华贵，叫作“明光铠”，在唐代时也颇为盛行。除了身体部分的铠甲之外，肩上加上披膊，手臂上加上筒袖，就是全面保护的“全铠甲”。此外下身还穿甲裳，甲外面披战袍，足蹬战靴，一名威风凛凛的古代将士就这样披挂上阵了。古代的战士常要骑马作战，所以马也要披甲，所谓“铁马冰河入梦来”（宋·陆游《十一月四日风雨大作》）的“铁马”，指的就是穿着“马甲”的战马。

图89-1　军士和战马的铠甲
西魏·《五百强盗成佛故事》（局部），莫高窟第285窟，主室南壁

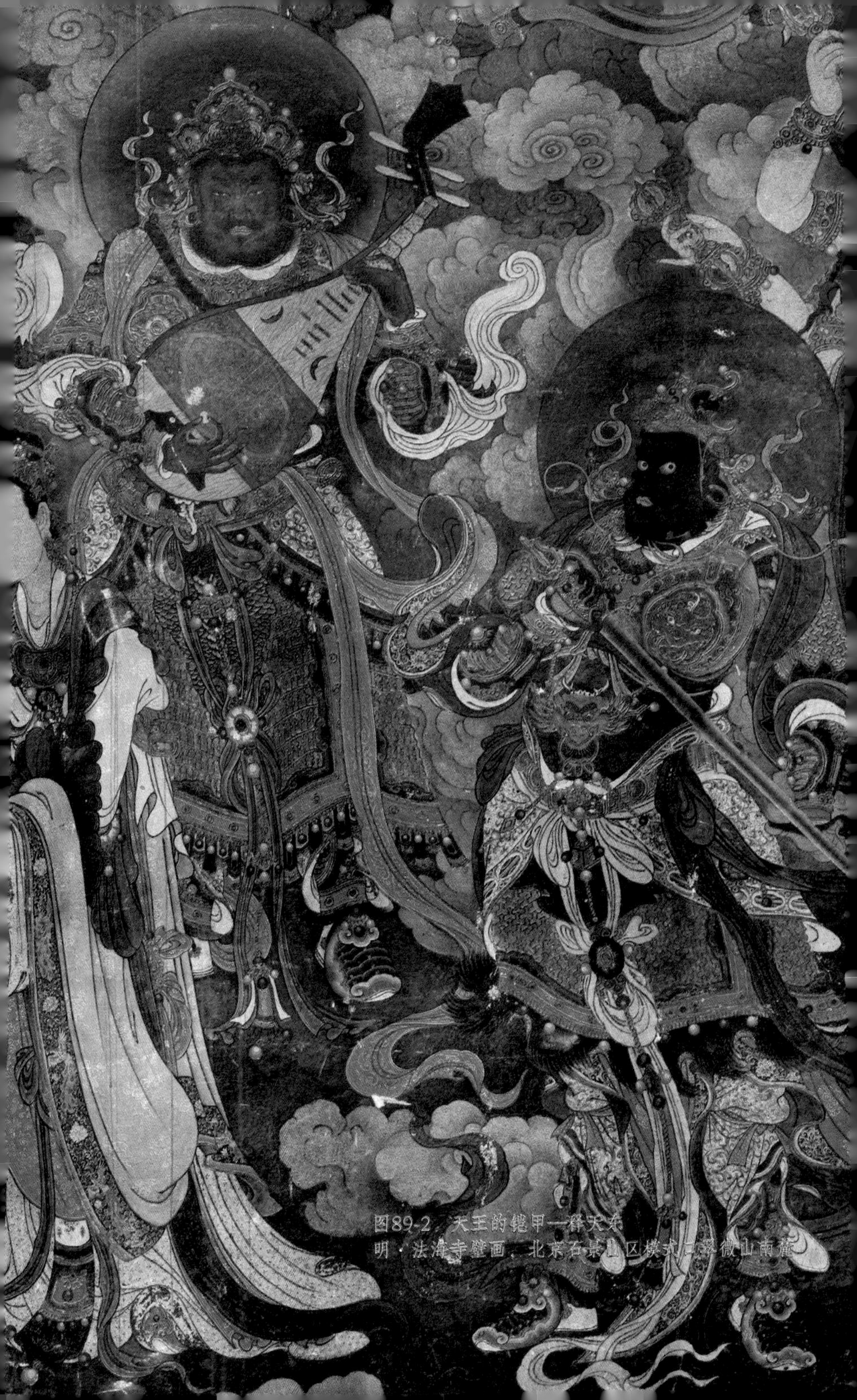

图89-2 天王的铠甲——释天东
明·法海寺壁画，北京石景山区模式口翠微山南麓

90. 古代人居家穿什么样的衣服?

多数现代人在忙碌了一天之后，回到家里，会脱下工作时候穿的正式衣服，换上舒适、宽松、随意的“家居服”。中国古人在居家闲时，有没有专用的家居服呢？当然有。古代的贵族和士人，将不处理公务、不见客的闲居生活叫作“燕居”。这个名称让我们联想到安卧于梁间巢内的燕子。的确，“燕居”一词，就是用巢中之燕比喻“无案牍之劳形”（唐·刘禹锡《陋室铭》）的安然清闲生活。在这样的场合和环境里，古人穿的是“燕居服”。在古籍中，描写了周天子穿的居家服：“天子玄端、练冠燕居”（唐·孔颖达《礼记正义》）。“玄端”的“玄”字，是黑色的意思，在宋代的《新定三礼图》（聂崇义）之中，解释了它是怎样一种服饰：“玄端，衣长二尺二寸，袂亦长二尺二寸。”看来这家居服是一种黑色的袖子宽大的样式。而练冠则是头上戴的一种冠，天子在闲居时也要戴冠，保持一定的礼仪威严。在后来的朝代，燕居服也一直以宽松作为主要特点，如名画《韩

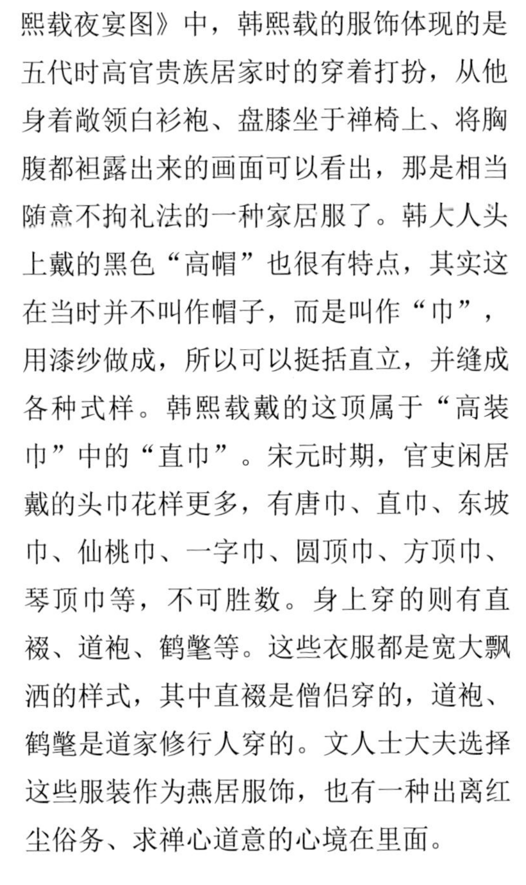

熙载夜宴图》中，韩熙载的服饰体现的是五代时高官贵族居家时的穿着打扮，从他身着敞领白衫袍、盘膝坐于禅椅上、将胸腹都袒露出来的画面可以看出，那是相当随意不拘礼法的一种家居服了。韩大人头上戴的黑色“高帽”也很有特点，其实这在当时并不叫作帽子，而是叫作“巾”，用漆纱做成，所以可以挺括直立，并缝成各种式样。韩熙载戴的这顶属于“高装巾”中的“直巾”。宋元时期，官吏闲居戴的头巾花样更多，有唐巾、直巾、东坡巾、仙桃巾、一字巾、圆顶巾、方顶巾、琴顶巾等，不可胜数。身上穿的则有直裰、道袍、鹤氅等。这些衣服都是宽大飘洒的样式，其中直裰是僧侣穿的，道袍、鹤氅是道家修行人穿的。文人士大夫选择这些服装作为燕居服饰，也有一种出离红尘俗务、求禅心道意的心境在里面。

左 / 图90-1　古人的“家居服”
五代·《韩熙载夜宴图》（局部），
顾闳中作，北京故宫博物院藏

上 / 图90-2　东坡巾
元·《前后赤壁赋》（苏轼像）
赵孟頫作，台北故宫博物院藏

图91　雪天服饰
清·孙温绘《红楼梦》（局部，观景远望雪图），旅顺博物馆藏

91. 古代人下雪天穿什么样的防寒服?

在北风呼啸、大雪纷飞的冬季，我们必备的衣物是保暖的棉服、羽绒服、皮衣等，这类服装统称为“防寒服”。在中国古代，人们到了冬天，特别是下雪天，都穿什么样的防寒服呢？在古典文学名著《红楼梦》中，对贵族人家雪天穿的服饰有着非常详细的描述，这些古代“高级防寒服”出自《红楼梦》第四十九回“琉璃世界白雪红梅，脂粉香娃割腥啖膻”。在大观园内赏雪，林妹妹穿的是“掐金挖云红香羊皮小靴，罩了一件大红羽纱面白狐狸里的鹤氅，束一条青金闪绿双环四合如意绦，头上罩了雪帽”。黛玉脚上的红色羊皮小靴，用云纹做装饰，以金线勾勒出图案轮廓，是做工非常精细的高级皮靴。身上罩的“鹤氅”最早指的是用鸟羽制作的衣服，古人借此取“羽化登仙”之意，鹤氅代表着出尘和高洁。后来鹤氅也指道袍，《明宫史》（明·吕毖）卷三中，“内臣服佩”之“氅衣”记载：“有如道袍袖者，旧制原不缝袖，故名曰氅。彩、素不拘。”这里林妹妹穿的鹤氅，就是冬季宽大的披风式外套。这件鹤氅十分高级华丽，里子是珍稀难得的白狐毛皮，面料是大红羽纱。羽纱是一种进口面料：“羽纱、羽缎，出海外荷兰、暹罗诸国，康熙初，入贡止一二匹。”（清·王士祯《香祖笔记》）除了林妹妹，其他众姊妹穿的“都是一色大红猩猩毡与羽毛缎斗篷”（清·曹雪芹《红楼梦》）。猩猩毡这种面料在《红楼梦》中多次出现，毡是一种用动物毛制作的无纺面料，非常厚实致密，可以挡风御寒。猩猩毡特指染成大红色的毡子，传说是用深山里的猩猩的血染成的颜色，这倒未必属实。斗篷则是无袖的披风。史湘云穿的防寒服与别人又不同，“穿着贾母与他的一件貂鼠脑袋面子大毛黑灰鼠里子里外发烧大褂子，头上带着一顶挖云鹅黄片金里大红猩猩毡昭君套，又围着大貂鼠风领”。这件“里外发烧大褂子”是面料与里子都是裘皮的奢侈防寒服，头上戴的“昭君套”则是一种女式帽围，上面没有帽顶，露出发髻，又叫作“暖额”“卧兔儿”。“大貂鼠风领”则指围在脖子上的貂皮围巾了。这一身“貂”的皮草服装着实引人瞩目，无怪乎林妹妹打趣她说：“孙行者来了，他一般的也拿着雪褂子，故意装出个小骚达子来。”《红楼梦》细致描写出的形形色色的雪天防寒服，为我们展示了中国古代服饰的精致和多样化。

92. 古代人结婚时穿什么样的衣服?

“花烛之下，乌纱绛袍，凤冠霞帔，好不气象。”（明·冯梦龙《醒世恒言》）在话本小说和戏曲舞台上，中国古代婚礼的典型服饰便是新郎头戴乌纱帽，身穿大红袍；新娘则穿着华丽的“凤冠霞帔”。凤冠是古代贵族妇女头上的装饰，以凤鸟象征高贵的身份。后妃墓葬中曾出土多顶凤冠。明代时女子婚礼上所戴的冠饰也叫作凤冠。霞帔则是一条华丽的披带，宽三寸二分（约10.6厘米），长五尺七寸（190厘米），披在肩背处，下垂至胸前，下端还缀有黄金或玉石珠宝的坠子，叫作霞帔坠。乌纱红袍和凤冠霞帔的结婚礼服是明代婚服的形制。在中国历史上，不同的时期结婚礼服是不一样的。周朝的婚服叫作“纯衣纁袡”，新娘身穿黑色的镶着浅红色边缘的“深衣”；新郎头戴“爵弁”或“玄冠”，上身的衣服是黑色，下身着“纁色”也就是偏黄的浅红色的“裳”，里面穿白绢的“中单”，即衬在礼服里面的一层衣服，脚上穿着赤色或黑色的“舄”，这是周代人在典礼场合穿的很正式的鞋，为浅帮、木底，为皮革所制。秦汉时期依然沿袭周制，婚礼礼服与周朝相近。唐代的婚服则叫作“花钗礼衣”，唐代新娘头上戴着金银和琉璃制的花钗，身着连裳的袍服；新郎穿着红色官服。有意思的是，唐代新娘的新嫁衣不是红色的，而是青绿色的，“红男绿女”一词，便来源于此。宋代婚服则基本沿袭唐制。直到明代，才流行起“凤冠霞帔”的婚礼礼服。

图92　京剧舞台上的凤冠霞帔

93. 古代人参加“追悼会”穿什么样的衣服?

中国古代非常重视丧葬，由此产生了一系列复杂而严格的丧葬礼仪制度。其中关于“丧服”的规矩很多很细致。根据亲属与去世者亲疏关系的不同，在葬礼上穿的丧服是不一样的。丧服一共分为五等，叫作“五服”。第一种叫作“斩衰”，是重孝，“衰”就是丧服的上衣，这种斩衰用最粗的麻布制作，边缘都留着毛边儿，表示不加任何修饰，极尽哀痛。这种粗糙的丧服不是在葬礼上穿穿就脱掉，而是要“服丧三年”。第二种叫作“齐衰”，比斩衰次一等，也是用粗麻布缝制，但衣服的边缘会缝缉整齐不露毛边，故此得名。第三种

斩衰丧服图

齐衰丧服图

大功丧服图

叫“大功”，是一种粗熟麻布制的丧服。第四种叫“小功”，麻布的质地更细了一些，做工也更齐整。第五种叫“缌麻”，是细熟麻布做的丧服。这五种丧服均用麻布所制，所以说古人在葬礼上“披麻戴孝”。如父亲去世，孝子要用麻布把头包起来，袒露上身或左臂，边痛哭边跺脚，然后穿上丧服，再系上一条麻带，这里使用的麻带叫作“绖”；如果母亲去世，则不用麻布包头，只袒衣、跺脚、痛哭，再穿衣，头系“首绖”，腰系“腰绖”。这种披麻戴孝的丧服以及相应的丧礼反映了中国古代宗法礼制的传统文化。

小功丧服图

缌麻丧服图

图93　古人参加“追悼会”穿的衣服
明·《三才图会》，王圻、王思义辑，1607年创作

94. 古人死后穿什么衣服去另一个世界？

中国古人讲究“事死如事生”，在人还活着的时候，就开始打点死后的归宿——坟地、坟墓、棺材，也会准备死后穿的衣服，这种衣服叫作寿衣。《水浒传》中，撺掇潘金莲谋害亲夫的王婆，便是在央求潘金莲替自己裁剪缝制“送老衣服”时借机用计的。寿衣的材质一般是棉，为的是让死者在阴间穿得暖和。寿衣的面料一般不会用动物毛皮，以免死者转世成为禽兽。面料也不能用“缎子”，因为谐音是“断子绝孙”，甚是不吉利。寿衣的里子用红布做，寓意后代子孙红红火火，外面的面料颜色一般是蓝色、古铜色或杏黄色。寿衣不能用扣子，而是用布带子系衣服，谐音“带子”，祈福后代子孙后继有人。除了衣裤、袍子之外，寿衣还包括头上的帽子和脚上的鞋。传统中，死者戴的帽子是黑色的，上面要缝一个红顶子，也是愿子孙红火的意思。寿鞋也是布鞋，鞋面和鞋底一般绣有莲花，意为脚踏莲花前往西方净土。寿衣这种具有特殊功能、体现古代丧葬礼仪的服饰，是以寓意作为最突出的特点，充分体现了中国传统服饰的文化性。

图94　老人入墓
中唐，榆林窟第25窟

美衣何所存?

——中国古代服饰的收纳、洗涤、保存之问

95. 中国古人怎么洗衣服?

“长安一片月，万户捣衣声。”（唐·李白《子夜吴歌》）这优美的诗句，描绘了中国古人洗衣的场面。衣服脏了需要洗涤，古今同一。今天我们洗衣服，有洗衣机、各种各样的洗涤剂可以使用，有些名贵的衣服还可以送到干洗店进行专业洗涤。中国古人是怎样洗衣服的呢？首先，中国古人很早就从自然界中发现许多可以清洁污垢的物质，并将其利用起来。其中，草木灰是中国人最早的“洗衣粉”。《礼记·内则》中记载：“冠带垢，和灰清漱。衣裳垢，和灰清浣。”当系冠的带子和穿的衣服脏了，就调和草木灰进行清洗。草木灰的主要成分是碳酸钾，可以有效地去污除垢；另一种有效的纯天然去污物质是皂角，皂角树上的果实含有碱性，能够有效地去掉衣物上的油垢。“油污衣，面涂法最佳。用生麦粉入冷水调匀，厚涂患处，越宿干透，以百沸热汤和皂角洗之，油化无迹。”（清·陆以湉《冷庐杂识·油污衣方》）这里记载的古代洗油污衣服的方法可谓非常具体详尽了。在魏晋南北朝的时候，还流行一种高级的洗涤用品叫“澡豆”，这种东西是用豆粉添加珍贵的香料、药物制成，可以用来洗手

图95　捣衣杵
盛唐·《捣练图》（局部），张萱作，美国波士顿美术馆藏

洗衣。发展到唐代，“衣香澡豆，仕人贵胜，皆是所要”（唐·孙思邈《千金翼方》）。但由于澡豆的配方名贵稀少，只有上层贵族才能使用。我们今天使用的肥皂和香皂，在古代就已经有了雏形，是在上述“澡豆”的基础上，加上猪胰和入融化的动物油脂而制成的固体团块，所以今天还有些地方将肥皂俗称“胰子”。我们今天洗衣服的方法，除了手搓、使用搓衣板外，还有使用洗衣机洗涤。中国古代则多用捣衣杵在砧石上捶打衣物，将污垢从衣服上分离出来，再用清水洗涤干净。“捣衣砧上拂还来”（唐·张若虚《春江花月夜》）中的“捣衣砧”就是砧石这种洗衣服的工具，传世名画《捣练图》中描绘出了捣衣杵的样子。洗过的衣服还可以用煮开的淘米水或米汤浸泡上浆，上过浆的衣服非常平整挺括，这叫作浆洗。

96. 中国古人怎么熨衣服?

我们日常穿着的衣服在坐卧之中，或者经过洗涤之后，容易出现许多皱褶，皱皱巴巴的衣服十分影响美观。因此，人们发明了熨烫衣服的工具——熨斗，一直沿用至今。中国古代的熨斗是何时发明的呢？从出土的文物实物上来看，熨斗的使用在汉代就已经普及了，它的发明必定更早。汉墓中出土的熨斗多为青铜所制，前端为一圆形碗状，后有长柄，形似“北斗”，故此得名。使用时将燃烧的木炭放在碗状盛器之中，手执长柄在布帛上熨烫。《隋书》中有一个典故，用

图96-1　熨斗
盛唐·《捣练图》（局部），张萱作，美国波士顿美术馆藏

图96-2　青铜熨斗实物
汉·“宜子孙”铜熨斗

熨斗熨平衣物比喻平定天下：“穆遂令浑入京，奉熨斗于高祖，曰：‘愿执威柄以熨安天下也。’高祖大悦。”唐代的《捣练图》中则描绘了女子手持熨斗熨烫布料的场景。更有唐诗描写：“每夜停灯熨御衣，银熏笼底火霏霏。”（王建《宫词》）宫女每夜要为君王把第二天上朝穿的龙袍熨平整，平整的龙袍才能突显朝堂上帝王的威仪。之后的宋、元、明、清历代，熨斗的使用愈发普及，其功能不仅有熨烫衣物，还可以熨烫纸张，熨烫还能与熏香功能结合，熨斗的形状、材质也进一步发展得多种多样。

97. 中国古人怎么缝补衣服?

我们今天物质丰富、生活宽裕了，很少有人会穿带补丁的衣服，但是衣服破了便丢弃，未免奢侈浪费。中国古代人推崇“俭以养德”，缝补衣服并不少见。古代汉语中表示“缝补”之意的词叫作“衲”。由此便有了一种以缝补之手段所做的特殊的服饰，叫作“百衲衣”。百衲衣泛指补丁很多的衣服，僧人穿的用很多布片缝缀拼成的僧衣也叫百衲衣。僧人募化来这些旧布做成衣服穿着，表明苦修成道，破除对尘间华美服饰以及虚荣的追求。所以僧人用于自称的“老衲”“贫衲”“衲子”等称谓，也源于这种百衲衣。除了僧人穿这种补丁衣服，民间百姓也会给小孩儿做百衲衣穿。孩子幼小的时候往往很容易生病，父母便会到街坊邻里处讨要碎布片，把多家给的碎布缝缀成一件衣服给孩子穿着，叫作穿“百家衣”，认为这样可以除灾祛病。除了补丁衣服之外，如果一些珍贵的衣服破了，也是需要修补的，这时采用的就是“织补”的方式。在《红楼梦》第五十二回中，

图97-1　清至民国·民间的百衲衣实物
美国明尼阿波利斯美术馆藏

图97-2　百衲衣图
明·《缂丝婴戏图》，美国大都会博物馆藏

写了“勇晴雯病补雀金裘”的故事。宝玉穿的一件珍稀的雀金呢褂子，是俄罗斯进口的用孔雀毛制成的面料做的，不慎后襟子上烧了一块，只得寻找织补匠人补上烧眼，结果“不但能干织补匠人，就连裁缝绣匠并作女工的问了，都不认得这是什么，都不敢揽”。只有晴雯做女红活儿好，身怀绝技，一夜挣命带病将雀金裘补好。其织补的方法是：“先将里子拆开，用茶杯口大的一个竹弓钉牢在背面，再将破口四边用金刀刮的散松松的，然后用针纫了两条，分出经纬，亦如界线之法，先界出地子后，依本衣之纹来回织补。”“补完，又用小牙刷慢慢的剔出绒毛来。”补好的地方“若不留心，再看不出的”。中国古代的服饰缝补技艺之巧妙，值得我们今人了解和研究。

98. 中国古代如何给衣服熏香?

中国古代人在穿衣方面十分讲究，衣物穿在身上，不仅在视觉上要赏心悦目，气味也要芬芳馥郁。“衣香鬓影”一词，便说明古代人常给衣物熏香。前文介绍过古人会在身上佩戴香囊、银质的香熏球，有了这些熏香的小物件儿，走到哪里，都有“暗香盈袖”。但整件的衣物在穿上身之前，如何进行熏香处理呢？古人用的工具是熏笼和熏炉。汉代时便有了熏笼这种物件，在湖南长沙马王堆汉墓中曾出土竹制熏笼，此后魏晋隋唐之时的文物中还有陶瓷所制熏笼。熏衣服的时候，香料是放在熏炉里焚烧的，熏笼则扣在熏炉之上，将衣服摊在熏笼外面，让炉中上升的香气渗透到衣服里。只有烟火香还不够，容易把衣服烤焦，如《红楼梦》中薛宝钗说：“我最怕熏香，好好的衣服，熏的烟燎火气的。”所以在熏香时还要在熏笼内放一盆

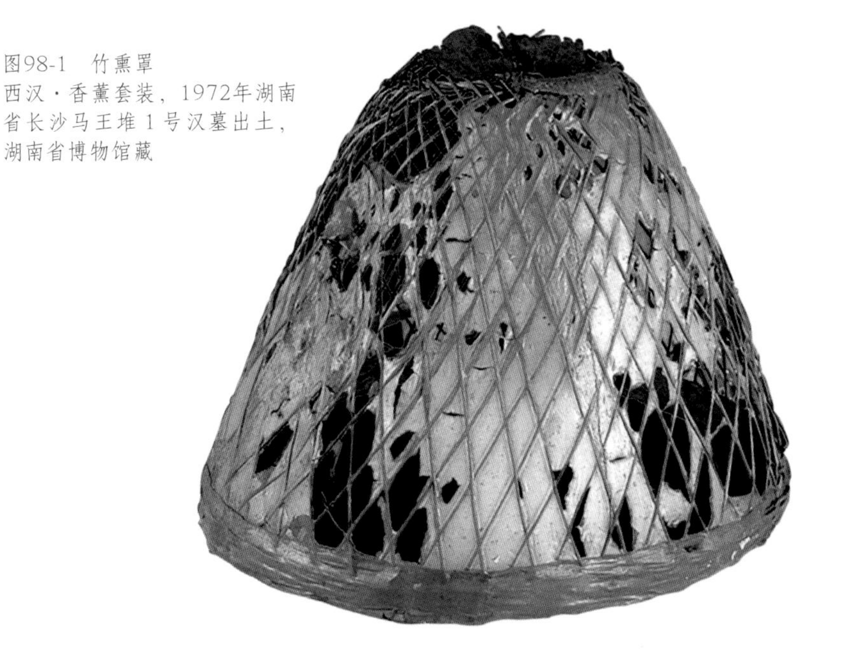

图98-1　竹熏罩
西汉·香薰套装，1972年湖南省长沙马王堆1号汉墓出土，湖南省博物馆藏

水，让水汽和燃烧的香料共同浸润衣物，熏香的效果才能达到最佳。“凡薰衣，以沸汤一大瓯置熏笼下，以所薰衣覆之，令润气通彻，贵香入衣难散也。然后于汤炉中烧香饼子一枚……置香在上薰之，常令烟得所。薰讫叠衣，隔宿衣之，数日不散。”（宋·洪刍《洪氏香谱》）这是宋代人记述的熏衣方法，实在是巧妙而又科学。明代陈洪绶所绘《斜倚熏笼图》，描绘了一个女子倚靠在熏笼之上，笼内有一只鸭形熏炉，熏笼上搭着衣服，正是“红颜未老恩先断，斜倚熏笼坐到明”（唐·白居易《后宫词》）的诗意。熏香文化，也是中国古代服饰文化中的重要组成部分。

图98-2　彩绘陶熏炉
西汉·香薰套装，1972年湖南省长沙马王堆1号汉墓出土，湖南省博物馆藏

图98-3　熏笼图
明·《斜倚熏笼图》（局部），陈洪绶作，上海博物馆藏

图99-1　衣架
晚唐·《楞伽经变》，莫高窟第85窟

99. 中国古代的衣架什么样?

我们现在日常使用的家具中，衣架是必不可少的，衣服挂在衣架上取用非常方便，又可以防止衣服堆放叠压出皱褶。中国古代很早就发明了衣架，但样式与我们今天的衣架不太相同。春秋时期，就有了衣架的基本样式，是两根立柱，中间一道横杆，而且这一样式历代基本没有变化。所以确切地说，古人其实不是“挂”衣服，而是把衣服“搭”在横杆上，这种横杆式样的衣架叫作“桁”或者“椸”。现存最早的衣架实物，是湖北随州曾侯乙墓出土的“云雷纹漆衣架”，这件衣架的横杆两端做成了精美的翘头，立柱底下是椭圆形底座，造型

图99-2　衣架实物
明晚期·红漆彩绘衣架·图片采自中国嘉德2020“积微成著——积成堂古典家具专场”

优美，秀丽轻盈。在敦煌莫高窟壁画中也有衣架的图像，第85窟、第61窟的《楞伽经变》中，均绘制了晾衣服的衣架，由两根立柱连接一道横杆，立柱的底座是十字形的木构件，以便放置稳定，横杆上正搭着一件黑色袍服。敦煌壁画上的衣架造型比较简单，应是当时民间百姓日常使用的衣架样式。保存至今的明清家具中有很多衣架。衣架的横杆两端做成翘头，并有精美的雕饰。立柱和横杆的交角处会用镂空雕刻或木料攒接的花牙子做装饰。在衣架的中段，有时会加一道透雕花纹的花板，叫作“中牌子”，令衣架的装饰美感更强。衣架下部左右立柱安放在座墩上，座墩也有精美的浮雕装饰。清代的衣架又叫作“朝服架”，多用来搭放官服，由于官服面料厚重，所以衣架也做得体量较大，并装饰得庄重富丽。

100. 中国古代的衣箱和衣柜什么样?

在中国传统家具中，箱子是重要的贮藏物品的家具。有专门储存衣物的衣箱，衣箱的出现很早，在战国曾侯乙墓中便出土过盛衣物用的小箱。其表面髹黑漆，以朱漆描绘纹饰，非常精美。柜、橱和箱同属储藏功能的家具。但箱子是卧式，从上面打开盖子；而柜、橱是立式，自前面开门。今人收纳衣服多将衣服悬挂或放置于立式的衣柜之中，但古代盛放衣物还是多用箱子。《红楼梦》第七十四回写“抄检大观园”，各处的小姐丫鬟都是开了“箱子”细细搜检，箱子里有衾袱、衣包、鞋袜等物。由此可见，古人收纳衣物，主要是放在衣箱里的。中国古代的衣箱是各式箱匣中体量较大的一种，其材料也比较讲究。富贵人家常用香樟木做衣箱，由于香樟木自身的香味可以驱虫防腐，樟木箱子成了存放漂亮衣服的最佳选择。旧时嫁女的“十里红妆”，其中少不了若干口装满绫罗绸缎、锦绣衣裳的衣箱，用于代表女子的身份和地位。

图100-1　衣箱实物
东周·二十八星宿天文图衣箱，1978年湖北随州曾侯乙墓出土，湖北省博物馆藏

图100-2　明清衣箱实物
明万历·缠莲八宝纹描金朱漆大衣箱。图片采自“中国嘉德2017秋季拍卖会，清隽明朗——明清古典家具精品专场”

参考文献

[1]沈从文.中国古代服饰研究[M].上海：上海书店出版社，2002.

[2]孙机.衣冠：中国古代服饰文化[M].上海：上海古籍出版社，2016.

[3]田自秉，吴淑生，田青.中国纹样史[M].北京：高等教育出版社，2003.

[4]常沙娜.中国敦煌历代服饰图案[M].北京：中国轻工业出版社，2001.

[5]周锡保.中国古代服饰史[M].北京：中国戏剧出版社，1984.

[6]袁杰英.中国历代服饰史[M].北京：高等教育出版社，1994.

[7]华梅.服饰与中国文化[M].北京：人民出版社，2001.

[8]高春明.中国服饰名物考[M].上海：上海文化出版社，2001.

[9]春梅狐狸.图解中国传统服饰[M].南京：江苏凤凰科学技术出版社，2019.

[10]吴淑生，田自秉.中国染织史[M].上海：上海人民出版社，1986.

[11]高阳.中国传统织物装饰[M].天津：百花文艺出版社，2011.